高等学校电子与电气工程及自动化专业"十三五"规划教材

电路理论实验手册

主　编　刘　芬
副主编　袁臣虎　李现国

U0379992

西安电子科技大学出版社

内 容 简 介

本书是高等院校电类专业电路基础的实验教材,注重对学生系统实验方法和实验技能的训练以及对学生实践能力的培养。

全书共分为 5 章。第 1 章概述了电路实验基础知识;第 2 章介绍了常用仪器设备;第 3 章是电路实验,按照直流电路、交流电路、动态电路和二端口网络的顺序编排,既有基础性实验又有提高性实验;第 4 章和第 5 章分别是 Multisim 12 电路分析软件和仿真实验,从典型实验入手,使学生快速掌握 Multisim 12 软件在电路仿真分析中的应用。

本书可作为高等院校电类专业的电路实验教材,也可供相关工程技术人员参考。

图书在版编目(CIP)数据

电路理论实验手册/刘芬主编. —西安:西安电子科技大学出版社,2019.6
ISBN 978 - 7 - 5606 - 5324 - 2

Ⅰ. ① 电… Ⅱ. ① 刘… Ⅲ. ① 电路理论—实验—高等学校—教材
Ⅳ. ① TM13-33

中国版本图书馆 CIP 数据核字(2019)第 081935 号

策划编辑　刘小莉
责任编辑　王　斌　雷鸿俊
出版发行　西安电子科技大学出版社(西安市太白南路 2 号)
电　　话　(029)88242885　88201467　　　邮　　编　710071
网　　址　www. xduph. com　　　　　电子邮箱　xdupfxb001@163. com
经　　销　新华书店
印刷单位　陕西天意印务有限责任公司
版　　次　2019 年 6 月第 1 版　2019 年 6 月第 1 次印刷
开　　本　787 毫米×1092 毫米　1/16　印张　11
字　　数　259 千字
印　　数　1~3000 册
定　　价　24.00 元
ISBN 978 - 7 - 5606 - 5324 - 2/TM
XDUP 5626001 - 1

前　　言

　　"电路理论实验"课程是电类专业的基础性实践教学课程，目的是培养学生理论联系实际的能力。通过对本课程的学习，加深学生对电路理论的理解，进一步巩固所学的电路基本理论知识，熟悉常用仪器仪表的工作原理，掌握电路测量的基本方法，学会综合性实验的设计，从而提高学生的分析问题和解决问题的能力，为今后从事专业技术工作和科学研究工作打下良好的基础。按照国家教育部工科教学指导委员会关于电路课程的基本要求，我们编写了本书，以满足"电路理论实验"课程教学的需要。

　　本书共分为 5 章。第 1、2 章阐述了电路实验基础知识及常用仪器设备；第 3 章是电路实验，包括 14 个实验，按照直流电路、交流电路、动态电路和二端口网络的顺序编排，既有基础性实验又有提高性实验；第 4、5 章介绍了 Multisim 12 电路分析软件和仿真实验，从典型例题入手，使学生学会电路仿真和分析方法，尽快掌握 Multisim 12 在电路仿真分析中的应用。

　　本书由刘芬、袁臣虎、李现国编写。刘芬编写了第 1、3 章；李现国编写了第 2 章；袁臣虎编写了第 4、5 章；全书由刘芬担任主编并统稿。沈振乾老师对本书的编写提出了许多宝贵的意见。在编写过程中，我们参考了本校及兄弟院校的教材和文献，得到了天津工业大学电气学院吴旻等老师及工程实训中心孙红、李强等老师的帮助，并得到了西安电子科技大学出版社多位老师的大力支持，在此一并表示衷心的感谢。

　　限于编者的学识和水平，书中难免有疏漏和不妥之处，敬请同行专家及广大读者批评指正。

编　者

2019 年 1 月

目　录

第 1 章　电路实验基础知识

1.1　概　　述

一、电路实验的目的

实验是将事物置于控制的或特定的条件下加以观测，是对事物发展规律进行科学认识的必要环节，是科学理论的源泉、自然科学的根本、工程技术的基础。任何科学技术的发展都离不开实验。电路实验是对学生进行电路实验技能训练的一个重要环节，对提高学生分析问题和解决问题的能力具有十分重要的意义。此外，通过实验还可以培养学生勤奋进取、严肃认真、团结合作、理论联系实际的务实作风和为科学事业奋斗的精神。

电路实验课程的教学目的如下：

（1）加深对电路理论知识的理解和掌握。

（2）训练电路实验的基本技能，掌握电路测量的基本方法。

（3）掌握灵活运用实验手段，验证电路定律、定理的方法。

（4）培养良好的实验习惯，树立实事求是、严肃认真的科学作风。

（5）锻炼综合实验能力，为后续课程的学习和今后从事科学研究及专业技术工作打下必要的基础。

二、电路实验的基本要求

尽管每个实验项目的目的和内容不同，但为了培养良好的学风，要充分发挥学生的主动精神，促使其独立思考、独立完成实验，对电路实验预习、实验操作和实验报告三个阶段分别提出下列基本要求。

1. 实验预习

为了避免盲目性，参加实验者应对实验内容进行预习。预习的内容包括：

（1）必须熟悉《学生实验守则》和《实验室安全管理制度》。

（2）认真阅读实验指导书，明确实验目的和要求，掌握实验的基本原理，看懂实验电路，预测实验现象或实验数据，做到心中有数。

（3）认真阅读所需仪器及设备的使用说明书，了解注意事项，熟悉各旋钮、按键、开关的功能，以便安全、正确、顺利地进行实验。

（4）写好实验预习报告。实验预习报告一般包括实验目的、原理，实验设备，实验内容、步骤及注意事项等部分。

2. 实验操作

（1）参加实验者要自觉遵守《学生实验守则》和《实验室安全管理制度》。

（2）根据实验内容合理安排实验，仪器设备和实验装置安放要适当。检查所用器件和仪器是否完好，然后按实验方案连接实验电路，并认真检查，确保无误后方可通电测试。

（3）认真记录实验条件和所得数据、波形（并进行分析，判断数据、波形是否正确）。若发生故障，则耐心寻找故障原因并排除，记录排除故障的过程和方法。

（4）仔细审阅实验内容及要求，确保实验内容完整，测量结果准确无误，现象合理。

（5）实验中若发生异常现象，应迅速切断电源，报告指导教师和实验室有关人员。

3．实验完成

实验完成后，将实验报告给指导教师审阅签字，经教师确认数据无误后方能拆除线路，并清理实验现场。

1）对实验报告的要求

实验报告是对实验工作的全面总结，作为一名工程技术人员必须具有撰写实验报告的能力。做完实验后，实验者需要将实验结果和实验情况完整地和真实地表达出来。实验规定一律用实验报告纸认真书写实验报告。实验报告要求结论正确、分析合理，简述实验体会，同时要求文理通顺、简明扼要、符号标准、字迹端正、图表清晰。

2）实验报告的组成

实验报告应包括以下几个部分：

（1）实验目的。

（2）实验测试电路和实验原理。

（3）实验用的仪器型号、主要工具。

（4）实验的具体步骤、实验原始数据及实验过程的详细情况记录。

（5）实验结果和分析，包括报告书中所要求的理论计算、回答问题、设计记录表格等。必要时，应对实验结果进行误差分析。

（6）实验总结，即完成指导书所要求的总结、问题讨论及心得体会。若有曲线，应在坐标纸上画出。

三、电路实验室要求

为了在实验中培养学生严谨科学的作风，确保人身和设备的安全，顺利完成实验任务，特制定以下规则：

（1）教师应在每次实验前对学生进行安全教育。

（2）严禁带电接线或拆线。

（3）接好线后，要认真复查，确信无误后，方可接通电源。若无把握，需请教师审查。

（4）发生事故时，要保持镇静，迅速切断电源，保持现场，并向教师报告。

（5）欲增加或改变实验内容，须事先征得教师同意。

（6）非本次实验所用的仪器、设备，未经教师允许不得动用。

（7）损坏了仪器、设备，必须立即向教师报告，并做出书面检查。责任事故要酌情赔偿。

（8）保持实验室整洁、安静。

（9）实验结束后，要关闭实验电闸，并将实验用品分类整理好。

四、基本实验技能和要求

　　要求通过本课程的实验，使学生掌握实验的基本技能，希望学生在实验中注意培养和训练这些基本技能。

　　安全操作训练包括以下几个方面：

　　（1）接线时最后接通电源部分（拆线时先拆电源部分），接完线后仔细复查。严禁带电拆、接线。出现事故时应立即断开电源，并向教师报告情况，检查原因。勿乱拆线路。

　　（2）接完电路后，在开始实验前应做好准备工作，例如：

　　① 交流电源调压器位于最小位置上（逆时针到头）。

　　② 电压表、电流表或其他测量仪器（如万用表、数字万用表）的量程应置于经过估算的一挡或最大量程上。

　　（3）经老师和同组同学的允许，每次开始操作前应告知同组同学，互相密切配合。加负荷或变电路参数时应监视各仪表，若有异常现象，如冒烟、有烤焦味、指针到极限位置、指针打弯等，都应立即断电检查。

　　（4）注意各种仪器仪表的保护措施，若有些仪表用保险丝做过载保护，则不得随意更换。例如，监视仪表过载指示灯、过载跳闸机构等。

　　（5）预操作（在实验之前先操作和观察一下），其目的在于：

　　① 观察电路运行和仪表指示是否正常。

　　② 观察所测电量数据的变化趋势，以便确定实验曲线取点。

　　③ 找出变化特殊点，作为数据的重点。

　　④ 熟悉操作步骤。

五、其他实验技能要求

1. 接线能力

　　（1）合理安排仪表元件的位置，接线该长则长、该短则短，尽量做到接线清楚、容易检查、操作方便。

　　（2）接线要牢固可靠。

　　（3）先接电路的主回路，再接并联支路。

2. 合理读取数据点

　　应通过预操作，掌握被测曲线趋势和找出特殊点：凡变化急剧的地方取点密，变化缓慢处取点疏，应使取点数尽量少而又能反映客观情况。

　　（1）正确、准确地读取电表指示数。

　　① 合理选择量程，应力求使指针偏转大于 2/3 满量程较为合适；在同一量程中，指针偏转越大越准确。

　　② 在电表量程与表面分度一致时，可以直接读，不一致时则先读分度数，即记下指针指示的格数，再进行换算，并注意读出足够的有效数字，避免少读或多读。

　　（2）配合实验结果的有效数字选择曲线坐标比例尺，避免夸大或忽略实验结果的误差。

六、实验设备的使用要求

（1）了解设备的名称、用途、铭牌规格、规定值及面板旋钮情况。

（2）重点掌握设备使用的极限值。

① 重点掌握设备情况，要注意其最大允许的输入值。例如，调压器、稳压电源有最大输出电流限制；电机有最大输出功率限制；信号源有最大输出功率及最大信号电流限制。

② 对测量仪器仪表，要注意最大允许的输入量。例如，电流表、电压表和功率表要注意最大的电流值或电压值，万用表、数字万用表、数字频率计、示波器等的输入端都规定有最大允许的输入值，不得超过，否则会损坏设备。对于多量程仪表，要正确使用量程，千万不能用欧姆挡测量电压或用电流挡测量电压等。

③ 了解设备面板上各旋钮的作用，使用时应放在正确的位置，禁止无意识乱拨动旋钮。

④ 在正式使用设备前，应设法判断是否正常，有自校功能的可通过自校信号对设备进行检查，如示波器有自校正弦波或方波功能、频率计有自校准频率功能。

1.2 电路测量的基本知识

一、测量的概念

在科学实验与生产实践的过程中，为了获取表征被研究对象的特征的定量信息，必须准确地进行测量。测量就是以确定被测对象量值为目的的全部操作。通常测量结果的量值由两部分组成：数值（大小及符号）和相应的单位。例如，测得某元件两端的电阻值为 470 Ω，则被测数值为 470，Ω（欧姆）为计量单位。

二、测量单位

测量时，要合理地选择相应的测量仪器、仪表及相应的量程，现将常见物理量名称、测量单位和符号，以及单位前常用词头列在表 1-1 及表 1-2 中。

表 1-1 常见物理量名称、测量单位和符号

物理量名称	测量单位	符 号
电流	安培	A
电压	伏特	V
电阻值	欧姆	Ω
电容值	法拉	F
电感值	亨利	H
相位	弧度	rad
功率因数		$\cos\varphi$
功	焦耳	J
功率	瓦特	W
频率	赫兹	Hz
周期	秒	s

表 1 - 2　单位前常用词头

中文词头	符　号	倍　数
吉或千兆	G	10^9
兆	M	10^6
千	k	10^3
毫	m	10^{-3}
微	μ	10^{-6}
纳	n	10^{-9}
皮	p	10^{-12}

三、测量方法的分类

1. 从获得测量结果的不同方式分类

从获得测量结果的不同方式分类,测量方法可分为直接测量法、间接测量法和组合测量法。

(1) 直接测量法。从测量仪器上直接得到被测量量值的测量方法被称为直接测量法。直接测量的特点是简便。此时,测量目的与测量对象是一致的。例如,用电压表测量电压、用电桥测量电阻值等。

(2) 间接测量法。通过测量与被测量有函数关系的其他量,才能得到被测量量值的测量方法,被称为间接测量法。例如,用伏安法测量电阻。

当被测量不能直接测量,或测量很复杂,或采用间接测量比采用直接测量能获得更准确的结果时,采用间接测量。间接测量时,测量目的和测量对象是不一致的。

(3) 组合测量法。在测量中,若被测量有多个,而且它们和可直接(或间接)测量的物理量有一定的函数关系,则通过联立求解各函数关系来确定被测量的数值,这种测量方式被称为组合测量法。

例如,在如图 1 - 1 所示的电路中,求线性有源一端口网络等效参数 R_{eq}、U_{oc}。

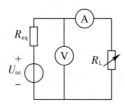

图 1 - 1　求等效参数 R_{eq}、U_{oc}

解　在调 R_L 为 R_1 时,得到 I_1、U_1;在调 R_L 为 R_2 时,得到 I_2、U_2。可得

$$\begin{cases} U_1 + R_{eq} I_1 = U_{oc} \\ U_2 + R_{eq} I_2 = U_{oc} \end{cases}$$

解联立方程组,可求得 R_{eq}、U_{oc} 的数值。

2. 根据获得测量结果的数值的方法分类

根据读取测量结果的方法不同，测量方法分为直读测量法和比较测量法。

（1）直读测量法（直读法）——直接根据仪表（仪器）的读数来确定测量结果的方法。在测量过程中，度量器不直接参与作用。例如，用电流表测量电流、用功率表测量功率等。直读测量法的特点是设备简单，操作简便，缺点是测量准确度不高。

（2）比较测量法——测量过程中被测量与标准量（又称为度量器）直接进行比较而获得测量结果的方法。例如，用电桥测电阻，测量中作为标准量的标准电阻参与比较。比较测量法的特点是测量准确，灵敏度高，适用于精密测量。但测量操作过程比较麻烦，相应的测量仪器较贵。

综上所述，直接测量法与直读法以及间接测量法与比较测量法，彼此并不相同，但又互有交叉。在实际测量中采用哪种方法，应根据对被测量测量的准确度要求以及实验条件是否具备等多种因素具体确定。例如，测量电阻，当对测量准确度要求不高时，可以用万用表直接测量或伏安法间接测量，这些都属于直读法。当要求测量准确度较高时，则用电桥法进行直接测量，这属于比较测量法。

1.3　测量误差分析及处理

一、测量误差的定义

不论用什么测量方法，也不论怎样进行测量，测量的结果与被测量的实际数值总存在差别，我们把这种差别，也就是测量结果与被测量真值之差称为测量误差。从不同角度出发，测量误差有多种分类方法。

二、测量误差的分类

1. 根据误差的表示方法分类

根据误差的不同的表示方法，测量误差可分为绝对误差、相对误差、引用误差三类。

（1）绝对误差是指测得值与被测量实际值之差，用 Δx 表示，即

$$\Delta x = x - x_0 \tag{1.3.1}$$

式中，x 为测得值；x_0 为实际值。

绝对误差是具有大小、正负和量纲的数值。在实际测量中，除了绝对误差外，还经常用到修正值的概念，它的定义是与绝对误差等值符号相反，即

$$c = x_0 - x \tag{1.3.2}$$

我们知道了测量值和修正值 c，由式（1.3.2）就可求出被测量的实际值 x_0。绝对误差的表示方法只能表示测量的近似程度，但不能确切地反映测量的准确程度。为了便于比较测量的准确程度，我们提出了相对误差的概念。

（2）相对误差是指测量的绝对误差与被测量（约定）真值之比（用百分数表示），用 γ 表示，即

$$\gamma = \frac{\Delta x}{x_0} \times 100\% \tag{1.3.3}$$

式中，分子为绝对误差，当分母所采用量值不同（如真值 A_0、实际值 x_0、示值 x 等）时，其相对误差又可分为相对真误差、实际相对误差和示值相对误差。

相对误差是一个比值，其数值与被测量所取的单位无关；能反映误差大小和方向；能确切地反映测量准确程度。因此，在测量过程中，当欲衡量测量结果的误差或评价测量结果准确程度时，一般都用相对误差表示。

相对误差虽然可以较准确地反映量的准确度，但用来表示仪表的准确度时，却不方便。因为同一仪表的绝对误差在刻度范围内变化不大，这样就使得在仪表标度尺的各个不同部位的相对误差不是一个常数。如果采用仪表的量程 x_m 作为分母就解决了上述问题。

（3）引用误差是指测量指示仪表的绝对误差与其量程之比（用百分数表示），用 γ_n 表示，即

$$\gamma_n = \frac{\Delta x}{x_m} \times 100\% \tag{1.3.4}$$

在实际测量中，由于仪表各标度尺位置指示值的绝对误差的大小、符号不完全相等，若取仪表标度尺工作部分所出现的最大绝对误差作为式（1.3.4）中的分子，则得到最大引用误差，用 γ_{nm} 表示，即

$$\gamma_{nm} = \frac{\Delta x_m}{x_m} \times 100\% \tag{1.3.5}$$

最大引用误差常用来表示电测量指示仪表的准确度等级，它们之间的关系是

$$\gamma_{nm} = \frac{\Delta x_m}{x_m} \times 100\% \leqslant \alpha\%$$

式中，α 为仪表准确度等级指数。

根据《直接作用模拟指示电测量仪表及其附件》GB7676.2—87 的规定，电流表和电压表的准确度等级 α 如表 1-3 所示。仪表的基本误差在标度尺工作部分的所有分度线上不应超过表 1-3 中的规定。

表 1-3　电流表、电压表的准确度等级表

准确度等级 α	0.05	0.1	0.2	0.3	0.5	1.0	1.5	2.0	2.5	5.0
基本误差/%	±0.05	±0.1	±0.2	±0.3	±0.5	±1.0	±1.5	±2.0	±2.5	±5.0

由表 1-3 可见，准确度等级的数值越小，允许的基本误差越小，表示仪表的准确度越高。

式（1.3.5）说明，在应用指示仪表进行测量时，产生的最大绝对误差为

$$\Delta x_m \leqslant \pm \alpha\% \cdot x_m \tag{1.3.6}$$

当用仪表测量被测量的示值为 x 时，可能产生的最大示值相对误差为

$$\gamma_m = \frac{\Delta x_m}{x} \times 100\% \leqslant \pm \alpha\% \cdot \frac{x_m}{x} \times 100\% \tag{1.3.7}$$

因此，根据仪表准确度等级和测量示值，可计算直接测量中最大示值相对误差。当被测量量值愈接近仪表的量程，测量的误差愈小。因此，测量时应使被测量量值尽可能在仪表量程的 2/3 以上。

例 1-1 用一个量程为 30 mA、准确度等级为 0.5 级的直流电流表测得某电路中电流为 25.0 mA，求测量结果的最大示值相对误差。

解 根据式(1.3.6)可得其测量结果可能出现的最大示值相对误差为

$$\gamma_{\mathrm{m}} = \frac{\Delta x_{\mathrm{m}}}{x} \times 100\% = \pm \frac{0.15}{25.0} \times 100\% = \pm 0.6\%$$

2. 根据误差的性质分类

根据误差的不同的性质，测量误差可分为系统误差、随机误差和粗大误差三类。

1) 系统误差

系统误差是指在同一条件下多次测量同一量值时，误差的大小和符号均保持不变，或者当条件改变时，按某一确定的已知规律(确定函数)变化的误差。系统误差包括已定系统误差和未定系统误差，已定系统误差是指符号和绝对值已经确定的系统误差。例如，用电流表测量某电流，其示值为 5 A，若该示值的修正值为 +0.01 A，而在测量过程中由于某种原因对测量结果未加修正，则产生 -0.01 A 的已定系统误差。

未定系统误差是指符号或绝对值未经确定的系统误差。例如，用一块已知其准确度为 α 及量程为 U_{m} 的电压表去测量某一电压 U_x，则可按式(1.3.5)估计测量结果的最大相对误差 γ_{nm}，因为这时只估计了误差的上限和下限，并不知道测量电压误差确切大小及符号。因此，这种误差称为未定系统误差。

系统误差产生的原因有测量仪器、仪表不准确，环境因素的影响，测量方法或依据的理论不完善及测量人员的不良习惯或感官不完善等。

系统误差的特点是：

(1) 系统误差是一个非随机变量，是固定不变的，或是一个确定的时间函数。也就是说，系统误差的出现不服从统计规律，而服从确定的函数规律。

(2) 在重复测量时，系统误差具有重现性。对于固定不变的系统误差，重复测量时误差也是重复出现的。系统函数为时间函数时，它的重现性体现在当测量条件实际相同时，误差可以重现。

(3) 可修正性。由于系统误差的重现性，就决定了它是可以被修正的。

2) 随机误差

随机误差是指在同一量的多次测量中，以不可预知方式变化的测量误差的分量。随机误差就个体而言是不确定的，但其总体服从统计规律。随机误差一般服从正态分布规律。

随机误差的特点是：

(1) 有界性：有一定的测量条件下，误差的绝对值不会超过一定的界限。

(2) 单峰性：绝对值小的误差出现的概率大，而绝对值大的误差出现的概率小。

(3) 对称性：绝对值相等的正负(±)误差出现的概率一致。

(4) 抵偿性：在将全部误差相加时，具有相互抵消的特性。

在精密测量中，一般采用取多次测量值的算术平均值的方法消除随机误差。

3) 粗大误差

粗大误差是指明显超出了规定条件下预期的误差。这种误差是由于实验者的粗心，错误读取数据；或使用了有缺陷的计量器具；或计量器具使用不正确；或环境的干扰，等等引起的。例如，用了有问题的仪器、读错、记错或算错测量数据等。含有粗大误差的测量值称为坏值，应该去掉。

三、误差处理

在测量过程中，如果发现测量结果中存在系统误差，就应对测量深入地进行分析和研究，以便找出产生系统误差的根源，并设法将它们消除，这样才能获得准确的测量结果。与随机误差不同，系统误差是不能用概率论和数理统计的数学方法加以削弱和消除的。目前，对系统误差的消除尚无通用的方法可循，这就需要对具体问题采取不同的处理措施和方法。一般来说，对系统误差的消除在很大程度上取决于测量人员的经验、学识和技巧。下面仅介绍人们在测量实践中总结出来的消除系统误差的一般原则和基本方法。

1. 从误差来源上消除系统误差

从误差来源上消除是消除系统误差的根本方法，它要求测量人员对测量过程上可能产生系统误差的各种因素进行仔细分析，并在测量之前从根源上加以消除。例如，仪器仪表的调整误差，在实验前应正确地、仔细地调整好测量用的一切仪器、仪表，为了防止外磁场对仪器仪表的干扰，应对所有实验设备进行合理的布局和接线等。

2. 用修正方法消除系统误差

用修正方法消除系统误差是指预先将测量设备、测量方法、测量环境（如温度、湿度、外界磁场……）和测量人员等因素所产生的系统误差，通过检定、理论计算及实验方法确定下来，并取其相反值做出修正表格、修正曲线或修正公式。在测量时，就可根据这些表格、曲线或公式，对测量所得到的数据引入修正值。这样由以上原因所产生的系统误差就能减小到可以忽略的程度。

实际上，在我们的实验过程中，通常要用到仪表（如电流表、电压表、功率表等）进行测量，这样便引入了仪表误差。该误差是不可避免的，但可以修正为系统误差，即

$$\Delta x = x - x_0$$
$$c = -\Delta x$$

式中，c 为修正值。

3. 应用测量技术消除系统误差

在实际测量中，还可以采用一些有效的测量方法，来消除和削弱系统误差对测量结果的影响。

1）替代法

替代法的实质是一种比较法。它是指在测量条件不变的情况下，同一个数值已知且可调的标准量来代替被测量。在比较过程中，若仪表的状态和示值都保持不变，则仪表本身的误差和其他原因所引起的系统误差对测量结果基本上没有影响，从而消除了测量结果中仪表所引起的系统误差。

例 1 - 2　如图 1 - 2 所示，用替代法测量电阻 R_x，图中 R_n 为标准电阻；R_x 为被测电阻；R_0 为限流电阻；E 为电源。

在测量时先把被测电阻 R_x 接入测量线路（开关 S 接到 1），调节可调电阻 R_0，使电流表 Ⓐ 的读数为某一适当数值，然后将开关 S 转接到位置 2，这时可调标准电阻 R_n 代替 R_x 被

接入测量电路，调节 R_n 使电流表数值保持原来读数不变。如果 R_0 的数值及所有其他外界条件都不变，则 $R_n = R_x$。显然，其测量结果的准确度决定于可调标准电阻 R_n 的准确度及电流的稳定性。

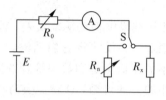

图 1-2　替代法

2）零示法

零示法是一种广泛应用的测量方法，主要用来消除因仪表内阻影响而造成的系统误差。在测量中，使被测量对仪表的作用与已知的标准量对仪表的作用相互平衡，以使仪表的指示为零，这时的被测量就等于已知的标准量。

例 1-3　图 1-3 是用零示法测量实际电压源开路电压 U_{oc} 的实用电路。图中，U_s 为直流电源；R 为标准电阻；Ⓖ 为检流计。

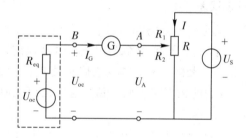

图 1-3　零示法

在测量时，调节电阻 R 的分压比，使检流计 Ⓖ 的读数为 0，则

$$U_A = U_B = U_{oc}$$

即

$$U_{oc} = U_A = U_s \cdot \frac{R_2}{R_1 + R_2}$$

在测量过程中，只需要判断检流计中有无电流，而不需要读数，因此只要求它具有足够的灵敏度。同时，只要直流电源 U_s 及标准电阻 R 稳定且准确，其测量结果就会准确。

3）正负误差补偿法

在测量过程中，当发现系统误差为恒定误差时，可以对被测量在不同的测量条件下进行两次测量，使其中一次所包含的误差为正，而另一次所包含的误差为负，取这两次测量数据的平均值作为测量结果，从而就可以消除这种恒定误差。

例如，在用安培表测量电流时，考虑到外磁场对仪表读数的影响，可以将安培表转动 $180°$ 再测量一次，取这两次测量数据的平均值作为测量结果。如果外磁场是恒定不变相互抵消，则消除了外磁场对测量结果的影响。

此外还有组合法、微差替代法等。

1.4　数字式仪表及其数据处理

数字式仪表的工作原理是将被测量(模拟量)转换成数字量之后,用计数器和显示器显示出测量结果。这个转换过程称为模/数(A/D)转换。实现 A/D 转换的电路有逐次逼近式、斜坡式、积分式等多种类型。

数字式仪表面板上的显示窗口,可以直接显示出被测量的正负读数和单位。面板上的量程选择开关可用以选择测量类型及测量量程,有的数字仪表具有自动转换量程功能。

一、数字式仪表的主要技术指标

数字式仪表的主要技术指标包括显示位数、测量范围、误差、分辨力、输入阻抗、采样方式和采样时间等。

二、数字式仪表的显示位数

数字式仪表数码管的个数一般为 4～5 个,有的高精度的数字仪表可做到 6 个。但不能显示出满位“9”,而是以最高位显示数为“4”或“1”较多。判定数字仪表的位数有两条原则:

(1) 能显示 0～9 所有数字的位为整数位。

(2) 分数位的数值是以最大显示中最高位数字为分子,用满量程时最高位数字作分母。

例如,某数字式仪表的最大显示值为 ±19999,满量程计数值为 20000,这表明该仪表有 4 个整数位,而分数位的分子为 1,分母为 2,故称之为 $4\frac{1}{2}$ 位,读作四位半,其最高位只能显示 0 或 1。

$3\frac{2}{3}$ 位(读作三又三分之二位)仪表的最高位只能显示 0～2 的数字,故最大可显示值为 ±2999。

三、数字式仪表的准确度

数字式仪表的准确度是测量结果中系统误差和随机误差的综合。它表示测量结果与真值的一致程度,也反映测量误差的大小。一般来讲,准确度愈高,测量误差愈小,反之亦然。

准确度的公式通常用数字式仪表在正常使用条件下的基本误差表示,常见的误差公式有以下两种表达方式

$$\Delta U = \pm (a\%U_x + b\%U_m) \tag{1.4.1}$$

$$\Delta U = \pm (a\%U_x + n) \tag{1.4.2}$$

式中,ΔU 为绝对误差;U_x 为测量指示值;U_m 为测量所用量程的满度值;a 为误差的相对项系数;b 为误差的固定项系数;n 为被测量最后一个单位值的最小变化量。

式(1.4.1)和式(1.4.2)都是把绝对误差分为两部分,前一部分($\pm a\%U_x$)为可变部分,称为“读数误差”,后一部分($\pm b\%U_m$ 及 $\pm n$)为固定部分,不随读数而变,为仪表所固有,

称为"满度误差"。显然,固定部分与被测量 U_x 的大小无关。对于式(1.4.1),仪表测量某一电压 U_x 时的相对误差为

$$\gamma_x = \frac{\Delta U}{U_x} = \pm a\% \pm b\% \frac{U_m}{U_x} \tag{1.4.3}$$

由式(1.4.3)可见,当 $U_x = U_m$ 时,γ 最小,但随着 U_x 减小而增大。当 $U_x < 0.1U_m$ 时,γ 值最大,即 $\gamma_{max} = \pm a\% \pm 10 \cdot b\%$。

以上表明,被测量与所选择的量程越接近,误差越小。因此,为了减小测量误差,应注意选择量程。

例 1-4　已知某一数字式电压表的 $a = 0.5$,欲用 2 V 挡测量 1.999 V 的电压,其 ΔU 和 $b\%$ 参数各为多少?

解　电压最小变化量 $n = 0.001$,则利用式(1.4.2),有

$$\Delta U = \pm(0.5\% \times 1.999 + 0.001) = \pm 0.01099 \approx \pm 0.011 \text{ V}$$

比较式(1.4.1)和式(1.4.2),有

$$b\% U_m = n$$

所以

$$b\% = \frac{n}{U_m} = \frac{0.001}{2} = 0.0005 = 0.05\%$$

四、数字式仪表的分辨力

分辨力是指数字式仪表在最低量程上末位 1 个字所对应的电压值,它反映出仪表灵敏度的高低。数字仪表的分辨力指标亦可用分辨率来表示。分辨率是指所能显示的最小数字(零除外)与最大数字之比,通常用百分数表示。例如,$3\frac{1}{2}$ 位万用表的分辨率为 $\frac{1}{1999} \approx 0.05\%$。

五、实验数据处理

1. 有效数字

一个数据,从左边第一个非零数字起至右边的所有数位均为有效数字位。有效数字是指一个由可靠数字和最末一位欠准数字两部分组成的数字。

测量所得到的数据都是近似数。近似数由两部分组成:一部分是可靠数字;另一部分是欠准数字。通常在测量时,只应保留一位欠准数字(对于指针式仪表,一般估读到最小刻度的十分位;而对于数字式仪表,则与所选的量程有关),其余数字均为可靠数字。例如,某仪表的读数为 106.5 格,其中,106 是可靠数字,而末位数 5 是估读的欠准数字。106.5 的有效数字位数是四位。

2. 有效数字的正确表示

(1) 有效数字的位数与小数点无关,小数点的位置仅与所用单位有关。例如,5100 Ω 和 5.100 kΩ 都是四位有效数字。

(2) 在数字之间或在数字之后的"0"是有效数字,而在数字之前的"0"则不是有效数字。

（3）若近似数的右边带有若干个"0"，通常把这个近似数写成 $a \times 10^n$ 形式，$1 \leqslant a < 10$。利用这种写法，可从 a 含有几个有效数字来确定近似数的有效位数，例如，5.2×10^3 和 7.10×10^3 分别为两位和三位有效数字，4.800×10^3 为四位有效数字。

在计算公式中，对常数 π、e、$\sqrt{2}$ 等的有效数字，可认为无限制，在计算中根据需要取位。

3. 数值修约规则

若近似数的位数很多，则确定有效位数后，其多余的数字应按相应的规则进行修约：若以保留数字的末位为单位，它后面的数字大于 0.5 单位者，末位进一；小于 0.5 单位者，末位不变；恰为 0.5 单位者，则使末位数凑成偶数，即末位为奇数时进一，末位为偶数时则末位数不变。

还要注意的是，拟舍弃的数字若为两位以上的数字，不能连续地多次修约，而只能按上述规则一次修约出结果来。

例如，按上述修约规则，将一些数据修约成三位有效数字，如表 1-4 所示。

表 1-4　数值修约规则举例

拟修约值	修约值
32.6491	32.6（5 以下舍）
472.601	473（5 以上入）
4.21500	4.22（5 前为奇数，去 5 进 1）
4.22500	4.22（5 前为偶数，舍 5 不进）

4. 有效数字的运算规则

（1）加减运算。各运算数据以其中小数点后位数最小的数据位数为准，其余各数据修约后均保留比它多一位数。所得的最后结果与小数点后位最少的位数相同。例如，$13.6 + 0.0812 + 1.432$ 可写成 $13.6 + 0.08 + 1.43 \approx 15.1$。

（2）乘除运算。各运算数据以各数中有效位数最少的为准，其余各数或乘积（或商）均修约到比它多一位，而与小数点位置无关。最后结果应与有效位数最少的数据位数相同。例如

$$0.0212 \times 46.52 \times 2.07581 \quad 0.0212 \times 46.52 \times 2.076 \approx 2.05$$

1.5　模拟仪表（指针式仪表）的数据处理

要正确记录测量数据，必须首先了解直接读数（简称读数）、示值和测量结果的概念。

一、读数

读数是指直接读取仪表指针所指示的标尺值（单元格）。

（1）读仪表的格数。图 1-4 为均匀标度尺有效数字读数示意图。图中指针指示的不同位置的读数分别为 0.2 格、6.9 格、81.8 格、104.0 格。

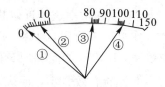

图 1-4　均匀标度尺有效数字读数示意图

（2）注意有效数字的位数（只含一位欠准数字），如表 1-5 所示。

表 1-5　指针式仪表的有效数字

①	0～1 格	0.1～0.9	1 位有效数
②	1～10 格	1.0～9.9	2 位有效数
③	10～100 格	10.0～99.9	3 位有效数
④	100～150 格	100.0～150.0 格	4 位有效数

二、计算仪表的分格常数

仪表的分格常数是指电测量指示仪表的标度尺每分格（或数字仪表的每个字）代表被测量的大小。用符号"C_a"表示，即

$$C_a = \frac{x_m}{a_m} \quad [\mathrm{V(mA)/div}]$$

式中，C_a 为分格常数 [V(mA，W)/div]；X_m 为仪表量程 [V(mA，W)]；a_m 为仪表满偏格数（div）。

三、示值

示值是指仪表的分格常数乘以读数后所得的数值。即

示值＝仪表分格常数 C_a ×读数 a

需要注意的是，示值有效数字的位数和读数的有效数字的位数相同。

四、数字式仪表的有效数字

上面已经介绍，U_x 越接近 U_m，误差越小。此外，量程选择不当将会丢失有效数字，所以我们应该谨慎选择量程。

在例 1-4"……欲用 2 V 挡测量 1.999 V 的电压……"中，有如表 1-6 所示关系。

表 1-6　数字式仪表的有效数字

量程	2 V	20 V	200 V
显示值	1.999	01.99	001.9
有效数字	4	3	2

从数字式仪表上读出是实际的测量值。

五、测量结果的填写

测量结果是指由测量所得到的被测量真值。在测量结果完整的表述中，应包括测量误

差和有关影响量的值。在电路实验中，对于测量结果的最后表示，通常用测得值和相应的误差共同来表示。

工程测量中误差的有效数字一般只取一位，并采用进位法(即只要该舍弃的数字是 1～9 都应进一位)。

例 1 - 5　某电压表的准确度等级 $\alpha = 0.5$ 级，其满偏格数为 150 格，选 3 V 量程，若读得格数分别为 18.9 格和 132.0 格，则各测量值是多少伏？

解　① 基本读数(格数)：18.9 格、132.0 格。

② 计算分格常数为

$$C_a = \frac{3}{150} = 0.02 \text{ V/div}$$

③ 示值为

$$U_1 = 18.9 \times C_a = 0.378 \text{ V}$$
$$U_2 = 132.0 \times C_a = 2.640 \text{ V}$$

(示值有效数字的位数和读数的有效数字的位数相同)

④ 仪表的最大绝对误差。

若取

$$\Delta U_m = \pm \alpha\% \times U_m = \pm 0.5\% \times 3 = \pm 0.015 \text{ V}$$

则

$$\Delta U_m \approx \pm 0.02 \text{ V}$$
$$U_1 \approx 0.38 \text{ V}$$
$$U_2 \approx 2.64 \text{ V}$$

其中，修约到百分位对齐。

可见，测得值的有效数字取决于测量结果的误差，即测得值的有效数字的末位数与测量误差末位数为同一个数位。

六、测量结果的表示

1. 实验数据列表表示法

列表是将一组实验数据中的自变量、因变量的各个数值依一定的形式和顺序一一对应列出来。列表法的优点是简单易作，形式紧凑，数据便于比较，同一表格内可以同时表示几个变量的关系。

一个完整的表格应包括表的序号、名称、项目、说明及数据来源。在列表时，应注意以下几点：

(1) 表的名称、数据来源应进行说明，使人一看便知其内容。

(2) 表格中项目应有名称单位，表内主项习惯上代表自变量，副项代表因变量。自变量的选择以实验中能够直接测量的物理量为出发点，如电压、电流等。

(3) 数值的书写应整齐统一，并用有效数字的形式表示。同一竖行上的数值小数点上下对齐。

(4) 自变量间距的选择应注意测量中因变量的变化趋势，并且自变量取值应便于计算、观察和分析，并按增大或减小的顺序排列。

2. 图形表示法

图形表示法可以更加形象和直观地看出函数变化规律，能够简明、清晰地反映几个物理量之间的关系。图形表示法应分为两个步骤：第一步是把测量数据点标在适当的坐标系中；第二步是根据点画出曲线。作图时应注意以下几个问题：

（1）合理地选取坐标。根据自变量的变化范围及其所表示的函数关系，可以选用直角坐标、单对数、双对数坐标等。最常用的是直角坐标。

横坐标代表自变量，纵坐标代表因变量，坐标末端标明所代表的物理量及单位。

（2）坐标分度原则：

① 在直角坐标中，线性分度应用最为普遍。分度的原则是，使图上坐标分度对应的示值的有效数字位数能反映实验数据的有效数字位数。

② 纵坐标与横坐标的分度不一定取得一样，应根据具体情况来选择。纵坐标与横坐标的比例也很重要，二者分度可以不相同，根据具体情况适当选择。

③ 坐标分度值不一定从零开始。在一组数据中，坐标可用低于最低值的某一整数作为起点，高于最高值的某一整数作为终点，以使图形能占满全幅坐标纸为适当。

（3）描点。根据数据描点，数据可用空心图、实心图、三角形等符号作为标记，其中心应与测得值相重合，符号大小在 1 mm 左右。同一曲线上各数据点用同一符号，不同的曲线则用不同的符号。根据各点作曲线时，应注意到曲线一般光滑匀整，只具少数转折点；曲线所经过的地方应尽量与所有的点相接近，但不一定通过图上所有的点。

第 2 章　常用仪器设备

2.1　ODP3032 线性可编程直流电源

一、概述

　　ODP3032 线性可编程直流电源(也称为"可编程线性直流电源",简称"直流电源")具有双路(也称为"双通道")单独可控输出,一路固定输出;两可控通道分别设有输出开关,方便实际操作;最大输出分辨率为 1 mV/1 mA;三通道输出电气隔离,可有效降低各通道电路干扰;完全内部实现独立、并联、串联、正负这 4 种工作模式;具有纯净的电源输出和过压/过流/过温保护功能,并可设置过压和过流保护参数,有效保护负载;支持最大 100 组定时设置,并可指定输出范围及循环方式,同时界面可直观显示设定的输出波形;可设置多达 30 组数据存储;具有恒压恒流智能转换功能。

　　可控通道 DC 输出额定值:电压 0～30 V(独立/并联),0～60 V(串联),−30 V～30 V(正负);电流 0～3 A(独立/串联/正负),0～6 A(并联)。

　　固定通道 DC 输出额定值:电压 5 V;电流 3 A。

二、面板操作键名称及功能

1. 前面板

前面板图如图 2-1 所示,前面板操作说明如表 2-1 所示。

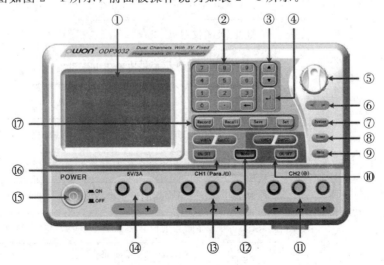

图 2-1　前面板图

表 2 - 1　前面板操作说明

序号	名　称	说　明
①	显示屏	显示用户界面
②	数字键盘	参数输入，包括数字键、小数点和退格键
③	上下方向键	选择菜单或改变参数
④	确认键	进入菜单或确认输入的参数
⑤	旋钮	选择菜单或改变参数，按下相当于确认键
⑥	左右方向键	选择菜单或移动光标
⑦	System 键	进入系统选项菜单
⑧	Timer 键	进入/退出定时输出状态
⑨	Help 键	查看系统内置帮助
⑩	通道 2 控制区	蓝色 Volt/CV 键：通道 2 输出电压设置
		蓝色 Curr/CC 键：通道 2 输出电流设置
		蓝色 ON/OFF 键：打开/关闭通道 2 的输出
⑪	通道 2 输出端子	通道 2 的输出连接
⑫	Mode 键	在独立、并联、串联和正负这 4 种工作模式之间循环切换
⑬	通道 1 输出端子	通道 1 的输出连接
⑭	5 V 输出端子	固定输出电压 5 V，最大输出电流 3 A(ODP3052 为 5 A)
⑮	电源键	打开/关闭仪器
⑯	通道 1 控制区	橙色 Volt/CV 键：通道 1 输出电压设置
		橙色 Curr/CC 键：通道 1 输出电流设置
		橙色 ON/OFF 键：打开/关闭通道 1 的输出
⑰	功能按键	Record 键：将当前通道数据记录为 .txt 文件存入 U 盘
		Recall 键：调用存储的设置参数文件
		Save 键：存储当前设置参数
		Set 键：进入/退出定时设置界面

按键指示灯说明：

ON/OFF 键：当通道打开时，按键灯亮起。

Volt/CV 键：按键灯亮起代表通道正处于恒压状态；
闪烁代表用户正在通过数据设定框设置电压值。

Curr/CC 键：按键灯亮起代表通道正处于恒流状态；
闪烁代表用户正在通过数据设定框设置电流值。

2. 后面板

后面板图如图 2-2 所示，后面板操作说明如表 2-2 所示。

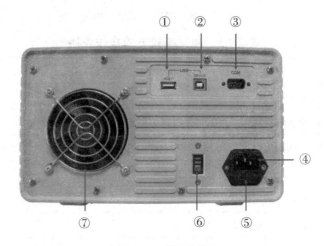

图 2-2　后面板图

表 2-2　后面板操作说明

序号	名　称	说　明
①	USB Host 接口	仪器作为"主设备"与外部 USB 设备连接，如插入 U 盘
②	USB Device 接口	仪器作为"从设备"与外部 USB 设备连接，如将仪器与计算机连接
③	COM 接口	连接仪器与外部设备的串口
④	电源输入插座	交流电源输入接口
⑤	保险丝	根据电源挡位选择相应规格的保险丝
⑥	电源转换开关	可在 110 V 和 220 V 两个挡位切换
⑦	风扇口	风扇进风口

3. 用户界面

以下为各模式定时状态下的用户界面，正常状态的用户界面也可参照此说明。

1）独立模式

独立模式下的用户界面如图 2-3 所示，其操作说明如表 2-3 所示。

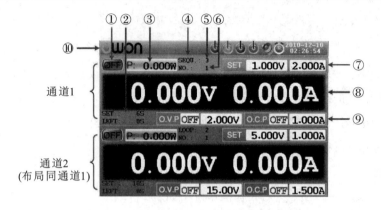

图 2-3 独立模式下的用户界面

表 2-3 独立模式下的操作说明

序号	说 明
①	通道1的输出状态
②	通道1打开定时输出时，显示当前输出值的设定时间及剩余时间
③	通道1的实际输出功率
④	通道1定时输出的输出模式(顺序/循环)
⑤	通道1定时输出的定时范围
⑥	通道1当前定时输出的参数序号
⑦	通道1输出电压、电流的设定值
⑧	通道1的电压、电流的实际输出值
⑨	通道1当前状态下过压、过流保护的状态及设定值
⑩	状态栏，详细说明请参见表2-6

2) 并联和串联模式

并联和串联模式下的用户界面如图2-4所示，其操作说明如表2-4所示。

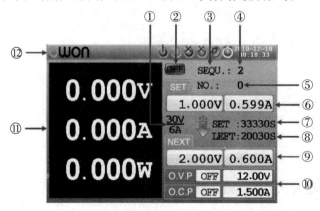

图 2-4 并联和串联模式下的用户界面

表 2－4　并联和串联模式下的操作说明

序号	说　　　　明
①	电压、电流的最大额定值
②	通道的输出状态
③	定时输出的输出模式(顺序/循环)
④	定时范围
⑤	当前定时输出的参数序号
⑥	当前电压、电流的设定输出值
⑦	定时输出时,显示当前输出值的设定时间
⑧	定时输出时,显示当前输出值的剩余时间
⑨	定时输出时,下个时间段输出的电压、电流设定值
⑩	在当前状态下过压、过流保护的状态及设定值
⑪	电压、电流、功率的实际输出值
⑫	状态栏,详细说明请参见表 2－6

3) 正负模式

正负模式下的用户界面如图 2－5 所示,其操作说明如表 2－5 所示。

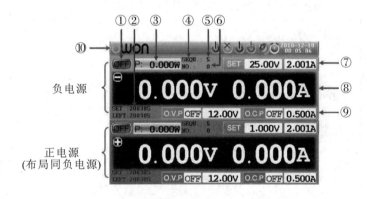

图 2－5　正负模式下的用户界面

表 2－5　正负模式下的操作说明

序号	说　　　　明
①	负电源的输出状态(与正电源保持一致)
②	打开定时输出时,负电源当前输出值的设定时间及剩余时间
③	负电源的实际输出功率
④	负电源定时输出的输出模式(顺序/循环,与正电源保持一致)
⑤	负电源定时输出的定时范围(与正电源保持一致)
⑥	负电源当前定时输出的参数序号(与正电源保持一致)

续表

序号	说　　明
⑦	负电源输出电压、电流的设定值
⑧	负电源的电压、电流的实际输出值
⑨	负电源在当前状态下过压、过流保护的状态及设定值
⑩	状态栏，详细说明请参见表 2-6

状态图标说明如表 2-6 所示。

表 2-6　状态图标说明

图　标	说　　明
	仪器作为从设备与计算机连接
	正在录制当前输出
	检测到 USB 设备
	当前处于独立工作模式
	当前处于并联工作模式
	当前处于串联工作模式
	当前处于正负工作模式
	蜂鸣器开启
	蜂鸣器关闭
	当前处于定时输出状态

三、工作模式

ODP3032 线性可编程直流电源提供 4 种工作模式：独立、并联、串联和正负。按 Mode 功能键可在 4 种工作模式之间切换。

1. 图标及额定值

4 种模式的状态栏图标和输出电压/电流额定值如表 2-7 所示。

表 2 - 7　4 种模式的状态栏图标和输出电压/电流额定值

	独立	并联	串联	正负
状态栏图标				
电压额定值	0～30 V	0～30 V	0～60 V	−30～30 V
电流额定值	0.02～3 A	0.1～6 A	0.02～3 A	0.02～3 A

5 V 输出端在开机后输出 5 V 固定电压,最大输出电流 3 A。用户可根据需要,选择合适的模式及输出端子。

2. 接线方式

(1) 独立模式,如图 2 - 6 所示。

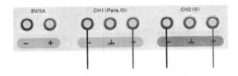

图 2 - 6　独立模式

(2) 并联模式,如图 2 - 7 所示。

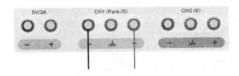

图 2 - 7　并联模式

需要注意的是,在并联模式下,CH1 为主通道,CH2 为辅助通道,为保证输出正常,请将负载连接到主通道。连接到辅助通道无法正常输出。

(3) 串联模式,如图 2 - 8 所示。

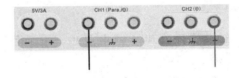

图 2 - 8　串联模式

(4) 正负模式,如图 2 - 9 所示。

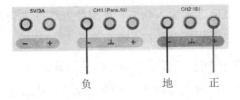

图 2 - 9　正负模式

四、系统菜单操作

1. 显示菜单

按 $\boxed{\text{System}}$ 功能键，屏幕显示系统选项菜单。

2. 选择菜单

（1）按 $\boxed{\blacktriangle}$/$\boxed{\blacktriangledown}$ 方向键或转动旋钮可在主菜单项之间移动。

（2）按 $\boxed{<}$ 方向键、$\boxed{\hookleftarrow}$ 键或按下旋钮均可进入子菜单，此时按 $\boxed{>}$ 方向键可退回主菜单项。

（3）在子菜单中，按 $\boxed{\blacktriangle}$/$\boxed{\blacktriangledown}$ 方向键或转动旋钮可在子菜单项之间移动。

3. 进入菜单

按 $\boxed{\hookleftarrow}$ 键或按下旋钮，进入所选中的菜单项。

4. 退出菜单

按 $\boxed{\text{System}}$ 功能键，系统退出正在显示的菜单或进入菜单后的窗口。

五、输出电压/电流设置

1. 打开/关闭通道输出

（1）独立模式：

$\boxed{\text{橙色 ON/OFF}}$ 键可控制通道 1 的打开和关闭；

$\boxed{\text{蓝色 ON/OFF}}$ 键可控制通道 2 的打开和关闭。

当按键背光灯亮起时，表示对应通道打开。

（2）并联、串联、正负模式：

$\boxed{\text{橙色 ON/OFF}}$ 键控制通道的打开和关闭，$\boxed{\text{蓝色 ON/OFF}}$ 键不起作用。

2. 输出电压/电流设置

用户可通过数据设定框设置输出电压或电流值。关于各模式下的额定值范围可见表 2-7。

注：在定时输出状态下，无法设置输出电压/电流。如需设置，请先退出定时输出状态。

（1）独立模式：

① 按橙色 $\boxed{\text{Volt/CV}}$ 或 $\boxed{\text{Curr/CC}}$ 键，界面弹出通道 1 的输出电压或电流设定框。

② 按键灯开始闪烁，表示进入输入状态，有两种方式可改变数值：

A. 修改：转动旋钮或按 $\boxed{\blacktriangle}$/$\boxed{\blacktriangledown}$ 方向键，会以光标所指位置为单位改变数值，长按 $\boxed{\blacktriangle}$/$\boxed{\blacktriangledown}$ 方向键可持续改变。按 $\boxed{<}$/$\boxed{>}$ 方向键可移动光标的位置。

B. 输入：也可使用数字键盘直接输入，将清空原值，显示输入值。

③ 按面板 $\boxed{\hookleftarrow}$ 键确认。

同样，按蓝色 Volt/CV 或 Curr/CC 键可设定通道 2 的输出电压或电流。

（2）并联、串联模式：

① 按橙色 Volt/CV 或 Curr/CC 键，界面弹出输出电压或电流设定框。

② 设定框的操作同独立模式相同。

（3）正负模式：

① 按橙色 Volt/CV 或 Curr/CC 键，界面弹出负电源输出的电压或电流设定框。

② 设定框的操作同独立模式相同。

同样，按蓝色 Volt/CV 或 Curr/CC 键来设定正电源输出的电压或电流。

注：当输入值超出额定值范围时，显示"ERROR"，需重新输入。在并联模式，电流的最小额定值为 0.1 A；其他模式为 0.02 A。

2.2 DG1022 型双通道函数/任意波形发生器

一、概述

DG1022 型双通道函数/任意波形发生器（简称"函数发生器"、"波形发生器"、"信号发生器"或"信号源"），使用直接数字合成（DDS）技术，可生成稳定、精确、纯净和低失真的正弦信号，5 MHz 具有快速上升沿和下降沿的方波，还能输出调制波形。该设备还具有高精度、宽频带的频率测量功能。

主要技术参数：

（1）双通道输出，可实现通道耦合，通道复制。

（2）可输出 5 种基本波形，内置 48 种任意波形。

（3）可编辑输出 14 – bit、4k 点的用户自定义任意波形。

（4）100 MSa/s 采样率。

（5）频率特性：

正弦波：1 μHz～20 MHz；

方波：1 μHz～5 MHz；

锯齿波：1 μHz～150 kHz；

脉冲波：500 μHz～3 MHz；

白噪声：5 MHz 带宽（−3 dB）；

任意波形：1 μHz～5 MHz。

（6）幅度范围：2 mVPP～10 VPP（50 Ω）；

4 mVPP～20 VPP（高阻）。

（7）可输出各种调制波形：调幅（AM）、调频（FM）、调相（PM）、二进制频移键控（FSK）、线性和对数扫描（Sweep）及脉冲串（Burst）模式。

（8）高精度、宽频带的频率测量：

测量功能：频率、周期、占空比、正/负脉冲宽度；
频率范围：100 MHz～200 MHz(单通道)。

二、面板操作键名称及功能

1. 前后面板及各旋钮功能

DG1022 型双通道函数/任意波形发生器(简称 DG1022)前面板图如图 2-10 所示，后面板图如图 2-11 所示。

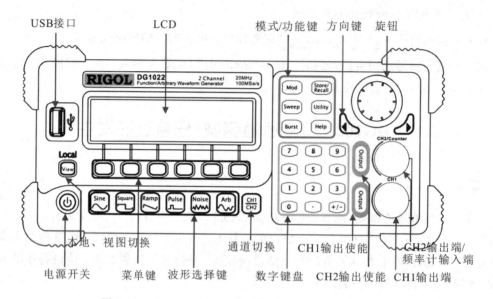

图 2-10　DG1022 型双通道函数/任意波形发生器前面板

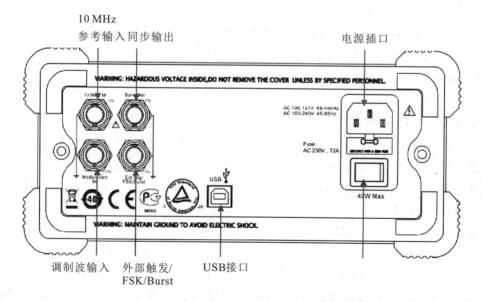

图 2-11　DG1022 型双通道函数/任意波形发生器后面板

2. 用户界面

DG1022 型双通道函数/任意波形发生器提供了 3 种界面显示模式：单通道常规模式、单通道图形模式和双通道常规模式。这 3 种显示模式可通过前面板左侧的 View 键切换。可通过 $\frac{\text{CH1}}{\text{CH2}}$ 键来切换活动通道，以便于设定每通道的参数及观察、比较波形。单通道常规显示模式、单通道图形显示模式和双通道常规显示模式分别如图 2-12～图 2-14 所示。

图 2-12　单通道常规显示模式

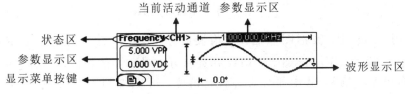

图 2-13　单通道图形显示模式

图 2-14　双通道常规显示模式

3. 波形设置

按键显示界面如图 2-15 所示。在操作面板左侧下方有一系列带有波形选择的按键，它们分别是：正弦波、方波、锯齿波、脉冲波、噪声波、任意波。此外还有两个常用按键：通道选择和视图切换。以下对波形选择的说明均在常规显示模式下进行。

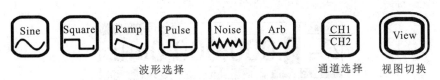

图 2-15　按键显示界面

（1）使用 Sine 键，波形图标变为正弦波信号，并在状态区左侧出现"Sine"字样。DG1022 可输出频率从 1 μHz 到 20 MHz 的正弦波。通过设置频率/周期、幅值/高电平、偏移/低电平、相位，可以得到不同参数值的正弦波。图 2-16 所示的正弦波使用系统默认参数：频率为 1 kHz，幅值为 5.0 V_{PP}，偏移量为 0 V_{DC}，初始相位为 0°。

图 2-16　正弦波常规显示界面

（2）使用 $\boxed{\text{Square}}$ 键，波形图标变为方波信号，并在状态区左侧出现"Square"字样。DG1022 可输出频率从 1 μHz 到 5 MHz 并具有可变占空比的方波。通过设置频率/周期、幅值/高电平、偏移/低电平、占空比、相位，可以得到不同参数值的方波。图 2-17 所示的方波使用系统默认参数：频率为 1 kHz，幅值为 5.0 V_{PP}，偏移量为 0 V_{DC}，占空比为 50%，初始相位为 0°。

图 2-17　方波常规显示界面

（3）使用 $\boxed{\text{Ramp}}$ 键，波形图标变为锯齿波信号，并在状态区左侧出现"Ramp"字样。DG1022 可输出频率从 1 μHz 到 150 kHz 并具有可变对称性的锯齿波。通过设置频率/周期、幅值/高电平、偏移/低电平、对称性、相位，可以得到不同参数值的锯齿波。图 2-18 所示的锯齿波使用系统默认参数：频率为 1 kHz，幅值为 5.0 V_{PP}，偏移量为 0 V_{DC}，对称性为 50%，初始相位为 0°。

图 2-18　锯齿波常规显示界面

（4）使用 $\boxed{\text{Pulse}}$ 键，波形图标变为脉冲波信号，并在状态区左侧出现"Pulse"字样。DG1022 可输出频率从 500 μHz 到 3 MHz 并具有可变脉冲宽度的脉冲波。通过设置频率/周期、幅值/高电平、偏移/低电平、脉宽/占空比、延时，可以得到不同参数值的脉冲波。图 2-19 所示的脉冲波使用系统默认参数：频率为 1 kHz，幅值为 5.0 V_{PP}，偏移量为 0 V_{DC}，脉宽为 500 μs，占空比为 50%，延时为 0 s。

图 2-19　脉冲波常规显示界面

（5）使用 $\boxed{\text{Noise}}$ 键，波形图标变为噪声波信号，并在状态区左侧出现"Noise"字样。DG1022 可输出带宽为 5 MHz 的噪声波。通过设置幅值/高电平、偏移/低电平，可以得到不同参数值的噪声波。图 2-20 所示的噪声波使用系统默认参数：幅值为 5.0 V_{PP}，偏移量为 0 V_{DC}。

图 2-20　噪声波常规显示界面

（6）使用 Arb 键，波形图标变为任意波信号，并在状态区左侧出现"Arb"字样。DG1022 可输出最多 4k 个点和最高 5 MHz 重复频率的任意波形。通过设置频率/周期、幅值/高电平、偏移/低电平、相位，可以得到不同参数值的任意波信号。图 2-21 所示的任意波（NegRamp 倒三角波）使用系统默认参数：频率为 1 kHz，幅值为 5.0 V_{PP}，偏移量为 0 V_{DC}，相位为 0°。

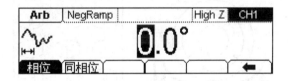

图 2-21　任意波常规显示界面

（7）使用 $\dfrac{CH1}{CH2}$ 键切换通道，当前选中的通道可以进行参数设置。在常规和图形模式下均可以进行通道切换，以便观察和比较两通道中的波形。

（8）使用 View 键切换视图，使波形显示在单通道常规模式、单通道图形模式、双通道常规模式之间切换。此外，当仪器处于远程模式时，按下该键可以切换到本地模式。

4. 输出设置

在前面板右侧有两个按键，用于通道输出、频率计输入的控制，如图 2-22 所示。

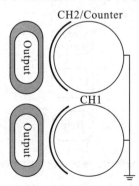

图 2-22　通道输出、频率计输入的控制

（1）使用 Output 键，启用或禁用前面板的输出连接器输出信号。通道输出控制如图2-23所示。已按下 Output 键的通道显示"ON"且 Output 键被点亮。

（2）在频率计模式下，CH2对应的输出连接器作为频率计的信号输入端，CH2自动关闭，禁用输出。

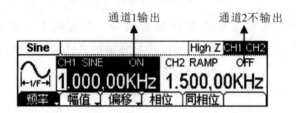

图2-23 通道输出控制

5. 数字输入的使用

在前面板上有两组按键，分别是左、右方向键和旋钮以及数字键盘，如图2-24所示。

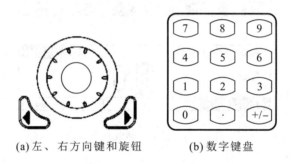

(a)左、右方向键和旋钮   (b)数字键盘

图2-24 前面板的数字输入

（1）使用左、右方向键，用于数值不同数位的切换；使用旋钮，用于改变波形参数的某一数位数值的大小，旋钮的输入范围是0～9，旋钮顺时针旋转一格，数值增1。

（2）使用数字键盘，用于波形参数值的设置，直接改变参数值的大小。

6. 存储和调出、辅助系统功能及帮助功能

在操作面板上有3个按键，分别用于存储和调出、辅助系统功能及帮助功能的设置，如图2-25所示。

图2-25 存储和调出、辅助系统功能及帮助功能的设置

（1）使用 Store/Recall 键，存储或调出波形数据和配置信息。

（2）使用 Utility 键，可以进行设置同步输出开/关、输出参数、通道耦合、通道复制、频率计测量；查看接口设置、系统设置信息；执行仪器自检和校准等操作。

（3）使用 Help 键，查看帮助信息列表。

另外，要获得任何前面板按键或菜单按键的上下文帮助信息，按下并按住该键 2～3 s，将显示出相关帮助信息。

三、常用的基本波形设置

1. 设置正弦波

使用 Sine 键，在常规显示模式下，屏幕下方显示正弦波的操作菜单，左上角显示当前波形名称。通过使用正弦波的操作菜单，对正弦波的输出波形参数进行设置。

设置正弦波的参数主要包括：频率/周期、幅值/高电平、偏移/低电平、相位。通过改变这些参数，得到不同的正弦波。其显示界面如图 2-26 所示。在操作菜单中，选中"频率"，光标位于参数显示区的频率参数位置，用户可在此位置通过数字键盘、方向键或旋钮对正弦波的频率值进行修改。正弦波的菜单说明如表 2-8 所示。

图 2-26　正弦波参数值设置显示界面

表 2-8　正弦波的菜单说明

功能菜单	设定	说　　明
频率/周期	/	设置波形频率或周期
幅值/高电平	/	设置波形幅值或高电平
偏移/低电平	/	设置波形偏移量或低电平
相位	/	设置正弦波的起始相位

需要注意的是，操作菜单中同相位专用于使能双通道输出时相位同步，单通道波形无需配置此项。

1）设置输出频率/周期

（1）按 Sine 键→频率/周期→频率，设置频率参数值。屏幕中显示的频率为上电时的默认值或者是预先选定的频率。在更改参数时，如果当前频率值对于新波形是有效的，则继续使用当前频率值。若要设置波形周期，则再次按频率/周期软键，以切换到周期软键（当前选项为反色显示）。

（2）输入所需的频率值。使用数字键盘，直接输入所选参数值，然后选择频率所需单位，按下对应于所需单位的软键；也可以使用左、右键选择需要修改的参数值的数位，使用旋钮改变该数位的大小，如图 2-27 所示。

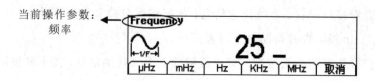

图 2-27　设置频率的参数值

提示说明：

① 当使用数字键盘输入数值时，使用方向键的左键退位，删除前一位的输入，修改输入的数值。

② 当使用旋钮输入数值时，使用方向键选择需要修改的位数，使其反色显示，然后转动旋钮，修改此位数字，获得所需要的数值。

2) 设置输出幅值

（1）按 Sine 键→幅值/高电平→幅值，设置幅值参数值。屏幕显示的幅值为上电时的默认值，或者是预先选定的幅值。在更改参数时，如果当前幅值对于新波形是有效的，则继续使用当前值。若要使用高电平和低电平设置幅值，再次按幅值/高电平或者偏移/低电平软键，以切换到高电平和低电平软键（当前选项为反色显示）。

（2）输入所需的幅值。使用数字键盘或旋钮，输入所选参数值，然后选择幅值所需单位，按下对应于所需单位的软键，如图 2-28 所示。

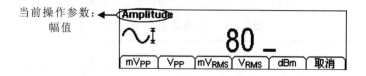

图 2-28　设置幅值的参数值

提示说明：幅值设置中的"dBm"单位选项只有在输出阻抗设置为 50 Ω 时才会出现。

3) 设置偏移电压

（1）按 Sine 键→偏移/低电平→偏移，设置偏移电压参数值。屏幕显示的偏移电压为上电时的默认值，或者是预先选定的偏移量。在更改参数时，如果当前偏移量对于新波形是有效的，则继续使用当前偏移值。

（2）输入所需的偏移电压。使用数字键盘或旋钮，输入所选参数值，然后选择偏移量所需单位，按下对应于所需单位的软键，如图 2-29 所示。

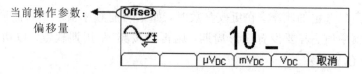

图 2-29　设置偏移量的参数值

4）设置起始相位

（1）按 Sine 键→相位，设置起始相位参数值。屏幕显示的初始相位为上电时的默认值，或者是预先选定的相位。在更改参数时，如果当前相位对于新波形是有效的，则继续使用当前偏移值。

（2）输入所需的相位。使用数字键盘或旋钮，输入所选参数值，然后选择单位，如图 2 - 30 所示。

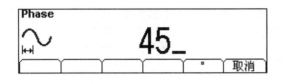

图 2 - 30　设置相位参数值

此时，按 View 键切换为图形显示模式，查看波形参数，如图 2 - 31 所示。

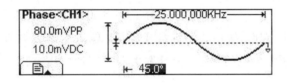

图 2 - 31　图形显示模式下的正弦波波形参数

2. 设置方波

使用 Square 键，在常规显示模式下，屏幕下方显示方波的操作菜单。通过使用方波的操作菜单，对方波的输出波形参数进行设置。

设置方波的参数主要包括：频率/周期、幅值/高电平、偏移/低电平、占空比、相位。通过改变这些参数，得到不同的方波。其显示界面如图 2 - 32 所示。在软键菜单中，选中占空比，在参数显示区中，与占空比相对应的参数值反色显示，可以在此位置对方波的占空比值进行修改。方波的菜单说明如表 2 - 9 所示。

图 2 - 32　方波参数值设置显示界面

需要注意的是，占空比为方波高电平期间占整个周期的百分比。其可分为以下 3 种情况：

（1）小于 3 MHz（包含）：20% 到 80%。

（2）3 MHz（不包含）到 4 MHz（包含）：40% 到 60%。

（3）4 MHz（不包含）到 5 MHz（包含）：50%。

表 2 - 9　方波的菜单说明

功能菜单	设　定	说　明
频率/周期	/	设置波形频率或周期
幅值/高电平	/	设置波形幅值或高电平
偏移/低电平	/	设置波形偏移量或低电平
占空比	/	设置方波的占空比
相位	/	设置方波的起始相位

3. 设置占空比

（1）按 Square 键→占空比，设置占空比参数值。屏幕中显示的占空比为上电时的默认值，或者是预先选定的数值。在更改参数时，如果当前值对于新波形是有效的，则使用当前值。

（2）输入所需的占空比。使用数字键盘或旋钮，输入所选参数值，然后选择占空比所需单位，按下对应于所需单位的软键，信号发生器立即调整占空比，并以指定的值输出方波，如图 2 - 33 所示。

当前操作参数：
占空比

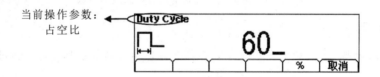

图 2 - 33　设置占空比参数值

此时按 View 键切换为图形显示模式，查看方波波形参数，如图 2 - 34 所示。

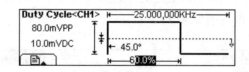

图 2 - 34　图形显示模式下的方波波形参数

4. 设置脉冲波

使用 Pulse 键，在常规显示模式下，屏幕下方显示脉冲波的操作菜单。通过使用脉冲的操作菜单，对脉冲波的输出波形参数进行设置。

设置脉冲波的参数主要包括：频率/周期、幅值/高电平、偏移/低电平、脉宽/占空比、延时。通过改变这些参数，得到不同的脉冲波形。其显示界面如图 2 - 35 所示。在软键菜单中，选中脉宽，在参数显示区中，与脉宽相对应的参数值反色显示，用户可在此位置对脉冲波的脉宽数值进行修改。Pulse 波形的菜单说明如表 2 - 10 所示。

图 2 - 35　脉冲波形参数值设置显示界面

脉宽是指从上升沿幅度的 50% 阈值处到紧接着的一个下降沿幅度的 50% 阈值处之间的时间间隔。

表 2 - 10　Pulse 波形的菜单说明

功能菜单	设定	说　　　明
频率/周期	/	设置波形频率或周期
幅值/高电平	/	设置波形幅值或高电平
偏移/低电平	/	设置波形偏移量或低电平
脉宽/占空比	/	设置脉冲波的脉冲宽度或占空比
延时	/	设置脉冲的起始时间延迟

1）设置脉冲宽度

（1）按 Pulse 键→脉宽，设置脉冲宽度参数值。屏幕中显示的脉冲宽度为上电时的默认值，或者是预先选定的脉宽值。在更改参数时，如果当前值对于新波形是有效的，则使用当前值。

（2）输入所需的脉冲宽度。使用数字键盘或旋钮，输入所选参数值，然后选择脉冲宽度所需单位，按下对应于所需单位的软键，信号发生器立即调整脉冲宽度，并以指定的值输出脉冲波，如图 2 - 36 所示。

当前操作参数：
脉冲宽度

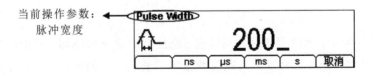

图 2 - 36　设置脉冲宽度的参数值

要点说明：

① 脉冲宽度受最小脉冲宽度和脉冲周期的限制：

A. 最小脉冲宽度＝20 ns。

B. 脉冲宽度≥最小脉冲宽度。

C. 脉冲宽度≤脉冲周期－最小脉冲宽度。

② 脉冲占空比受最小脉冲宽度和脉冲周期的限制：

A. 脉冲占空比≥100×最小脉冲宽度÷脉冲周期。

B. 脉冲占空比≤100×（1－最小脉冲宽度÷脉冲周期）。

③ 脉冲宽度与占空比的设置相关。其中一个会随另一个的改变而改变。例如，当前周

期为 1 ms、脉宽为 $500\mu s$、占空比为 50%，将脉宽设为 $200\,\mu s$ 后，占空比将变为 20%。

④ 占空比的设置方法请参照方波的占空比设置，这里不再赘述。

2）设置脉冲延时

（1）按 Pulse 键→延时，设置脉冲延时参数值。屏幕中显示的脉冲延时为上电时的默认值，或者是预先选定的值。在更改参数时，如果当前值对于新波形是有效的，则使用当前值。

（2）输入所需的脉冲延时。使用数字键盘或旋钮，输入所选参数值，然后选择脉冲延时所需单位，按下对应于所需单位的软键，信号发生器立即调整脉冲延时，并以指定的值输出脉冲波，如图 2-37 所示。

图 2-37　设置脉冲延时

此时按 View 键切换为图形显示模式，查看脉冲波波形参数，如图 2-38 所示。

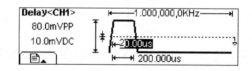

图 2-38　图形显示模式下的脉冲波波形参数

2.3　DS1000E 系列数字示波器

一、概述

DS1000E 系列数字示波器是一款高性能、经济型的数字示波器，其中，DS1052E 数字示波器为双通道加一个外部触发输入通道的数字示波器。为加速调整、便于测量，用户可直接按 AUTO 键，立即获得适合的波形显现和挡位设置。

主要技术特点：

（1）双模拟通道，每通道带宽：100M（DS1102E、DS1102D）和 50M（DS1052E、DS1052D）。

（2）高清晰彩色液晶显示，分辨率为 320×234。

（3）支持即插即用闪存式 USB 存储设备以及 USB 接口打印机，并可通过 USB 存储设备进行软件升级。

（4）模拟通道的波形亮度可调。

（5）自动波形、状态设置（AUTO）。

（6）自动测量 20 种波形参数。

（7）自动光标跟踪测量功能。

（8）独特的波形录制和回放功能。

（9）实用的数字滤波器，包含 LPF、HPF、BPF 和 BRF。

（10）Pass/Fail 检测功能，光电隔离的 Pass/Fail 输出端口。

（11）多重波形数学运算功能。

二、面板功能及操作

DS1000E 系列数字示波器前面板操作说明图如图 2-39 所示。面板上包括旋钮和功能按键。旋钮的功能与其他示波器类似。显示屏右侧的一列 5 个灰色按键为菜单操作键（自上而下定义为 1 号至 5 号）。通过它们，可以设置当前菜单的不同选项；其他按键为功能键，通过它们，可以进入不同的功能菜单或直接获得特定的功能应用。

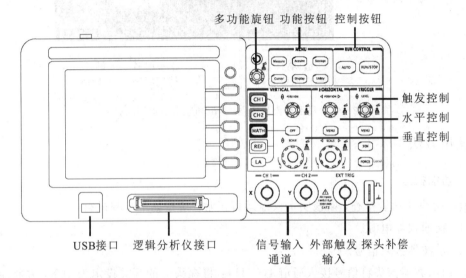

图 2-39　DS1000E 系列数字示波器前面板操作说明图

显示界面说明图分别如图 2-40 和图 2-41 所示。

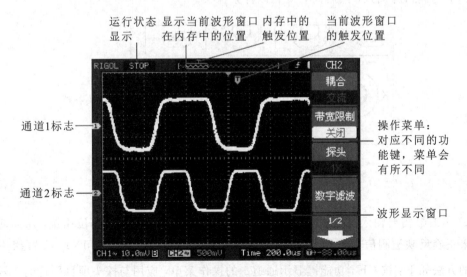

图 2-40　显示界面说明图（仅模拟通道打开）

运行状态显示 数字通道关闭 数字通道打开 显示各数字通道
的开关状态

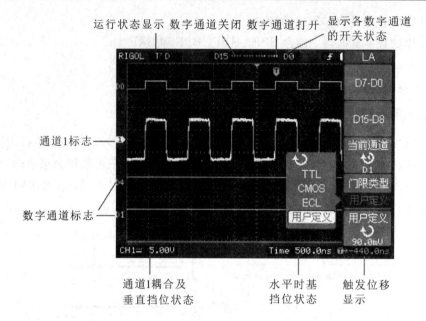

通道1标志

数字通道标志

通道1耦合及 水平时基 触发位移
垂直挡位状态 挡位状态 显示

图 2-41 显示界面说明图（模拟和数字通道同时打开）

三、使用方法

1. 功能检查

做一次快速功能检查，以核实本仪器运行正常。请按如下步骤进行：

（1）接通仪器电源。

（2）示波器接入信号。

① 用示波器探头将信号接入通道 1(CH1)：将探头上的开关设定为 10X，并将示波器探头与通道 1 连接，如图 2-42 所示。将探头连接器上的插槽对准 CH1 同轴电缆插接件(BNC)上的插口并插入，然后向右旋转以拧紧探头。

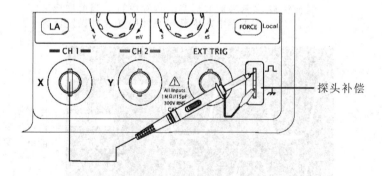

探头补偿

图 2-42 探头补偿连接

② 示波器需要输入探头衰减系数。此衰减系数改变仪器的垂直挡位比例，从而使得测量结果正确反映被测信号的电平（默认的探头菜单衰减系数设定值为 1X）。设置探头衰减系数的方法如下：按 CH1 功能键显示通道 1 的操作菜单，应用与探头项目平行的 3 号菜单

操作键，选择与使用的探头同比例的衰减系数。此时设定应为 10X，如图 2-43 所示。

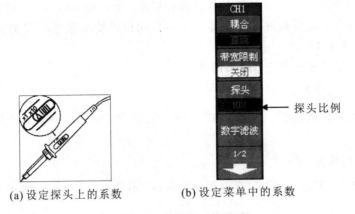

(a) 设定探头上的系数　　　　(b) 设定菜单中的系数

图 2-43　探头衰减系数设定

③ 将探头端部和接地夹接到探头补偿器的连接器上（如图 2-42 所示）。按 $\boxed{\text{AUTO}}$（自动设置）键。在几秒钟内，可见到方波显示。

④ 以同样的方法检查通道 2（CH2）。按 $\boxed{\text{OFF}}$ 功能键或再次按下 $\boxed{\text{CH1}}$ 功能键以关闭通道 1，按 $\boxed{\text{CH2}}$ 功能键以打开通道 2，重复步骤 2 和步骤 3。

需要注意的是，探头补偿连接器输出的信号仅用于探头补偿调整之用，不可用于校准。

2. 探头补偿

在首次将探头与任一输入通道连接时，进行此项调节，使探头与输入通道相配。未经补偿或补偿偏差的探头会导致测量误差或错误。若调整探头补偿，请按以下步骤操作：

（1）将探头菜单衰减系数设定为 10X，将探头上的开关设定为 10X，并将示波器探头与通道 1 连接。若使用探头钩形头，应确保与探头接触紧密。

将探头端部与探头补偿器的信号输出连接器相连，基准导线夹与探头补偿器的地线连接器相连，如图 2-42 所示，打开通道 1，然后按 $\boxed{\text{AUTO}}$ 键。

（2）检查所显示波形的形状。

（3）若必要，用非金属质地的改锥调整探头上的可变电容，直到屏幕显示的波形如图 2-44 中的"补偿正确"所示。

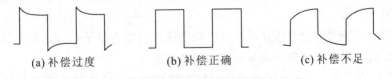

(a) 补偿过度　　　　　(b) 补偿正确　　　　　(c) 补偿不足

图 2-44　探头补偿调节

（4）必要时，重复步骤。

 警告：为避免使用探头时被电击，请确保探头的绝缘导线完好，并且连接高压电源时请不要接触探头的金属部分。

3. 波形显示的自动设置

DS1000E 系列数字示波器具有自动设置的功能。根据输入的信号，可自动调整电压倍率、时基以及触发方式至最好形态显示。应用自动设置要求被测信号的频率大于或等于 50 Hz，占空比大于 1%。

（1）将被测信号连接到信号输入通道。

（2）按下 $\boxed{\text{AUTO}}$ 键。

示波器将自动设置垂直、水平和触发控制。若需要，可手工调整这些控制使波形显示达到最佳。

4. 垂直控制系统（区）

在垂直控制区（VERTICAL）有一系列的按键、旋钮，如图 2-45 所示。

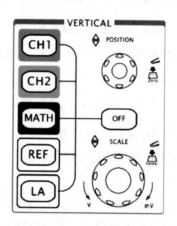

图 2-45　垂直控制区

（1）使用垂直旋钮 POSITION 在波形窗口居中显示信号。

垂直旋钮 POSITION 控制信号的垂直显示位置。当转动垂直 POSITION 旋钮时，指示通道地（GROUND）的标识跟随波形而上下移动。

测量技巧：

① 如果通道耦合方式为 DC，可以通过观察波形与信号地之间的差距来快速测量信号的直流分量。

② 如果耦合方式为 AC，信号里面的直流分量被滤除。这种方式方便用更高的灵敏度显示信号的交流分量。

③ 旋动垂直旋钮 POSITION 不但可以改变通道的垂直显示位置，更可以通过按下该旋钮作为设置通道垂直显示位置恢复到零点的快捷键。

（2）改变垂直设置，并观察因此导致的状态信息变化。可以通过波形窗口下方的状态栏显示的信息，确定任何垂直挡位的变化。转动垂直 SCALE 旋钮改变"Volt/div（伏/格）"垂直挡位，可以发现状态栏对应通道的挡位显示发生了相应的变化。

按 $\boxed{\text{CH1}}$、$\boxed{\text{CH2}}$、$\boxed{\text{MATH}}$、$\boxed{\text{REF}}$ 键，屏幕显示对应通道的操作菜单、标志、波形和挡位状态信息。按 $\boxed{\text{OFF}}$ 键关闭当前选择的通道。

Coarse/Fine(粗调/微调)快捷键：可通过按下垂直⚙SCALE旋钮作为设置输入通道的粗调/微调状态的快捷键，然后调节该旋钮即可粗调/微调垂直挡位。

5. 水平控制系统(区)

在水平控制区(HORIZONTAL)中有一个按键、两个旋钮，如图 2-46 所示。

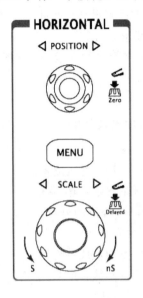

图 2-46　水平控制区

(1) 使用水平⚙SCALE旋钮改变水平挡位设置，并观察因此导致的状态信息变化。转动水平⚙SCALE旋钮改变"s/div(秒/格)"水平挡位，可以发现状态栏对应通道的挡位显示发生了相应的变化。水平扫描速度从 2ns 至 50 s，以 1-2-5 的形式步进。

Delayed(延迟扫描)快捷键：水平⚙SCALE旋钮不但可以通过转动调整"s/div(秒/格)"，更可以按下切换到延迟扫描状态。

需要注意的是，示波器型号不同，其水平扫描速度也有差别。

(2) 使用水平⚙POSITION旋钮调整信号在波形窗口的水平位置。水平⚙POSITION旋钮控制信号的触发位移。当应用于触发位移时，转动水平⚙POSITION旋钮时，可以观察到波形随旋钮而水平移动。

触发点位移恢复到水平零点快捷键：水平⚙POSITION旋钮不但可以通过转动调整信号在波形窗口的水平位置，更可以按下该键使触发位移(或延迟扫描位移)恢复到水平零点处。

(3) 按 MENU 键，显示 TIME 菜单。在此菜单下，可以开启/关闭延迟扫描或切换Y-T、X-Y 和 ROLL 模式，还可以设置水平触发位移复位(触发位移：是指实际触发点相对于存储器中点的位置。转动水平旋钮，可水平移动触发点)。

四、使用实例

1. 测量简单信号

观测电路中一未知信号，迅速显示和测量信号的频率及峰-峰值。

（1）欲迅速显示该信号，请按如下步骤操作：

① 将探头菜单衰减系数设定为 10X，并将探头上的开关设定为 10X。

② 将通道 1 的探头连接到电路被测点。

③ 按下 $\boxed{\text{AUTO}}$（自动设置）键。

示波器将自动设置使波形显示达到最佳。在此基础上，可以进一步调节垂直、水平挡位，直至波形的显示符合测量的要求。

（2）进行自动测量。示波器可对大多数显示信号进行自动测量。欲测量信号的峰-峰值和频率，按如下步骤操作：

① 测量峰-峰值：

按下 $\boxed{\text{MEASURE}}$ 键以显示自动测量菜单。

按下 1 号菜单操作键以选择信源 CH1。

按下 2 号菜单操作键选择测量类型：电压测量。

在电压测量弹出菜单中选择测量参数：峰-峰值。

此时，可以在屏幕左下角看到峰-峰值的显示。

② 测量频率：

按下 3 号菜单操作键选择测量类型：时间测量。

在时间测量弹出菜单中选择测量参数：频率。

此时，可以在屏幕下方发现频率的显示。

需要注意的是，测量结果在屏幕上的显示会因为被测信号的变化而改变。

2. 观察正弦波信号通过电路产生的延迟和畸变

与上例相同，设置探头和示波器通道的探头衰减系数为 10X。将示波器 CH1 通道与电路信号输入端相接，CH2 通道则与输出端相接。操作步骤如下：

（1）显示 CH1 通道和 CH2 通道的信号：

① 按下 $\boxed{\text{AUTO}}$（自动设置）键。

② 继续调整水平、垂直挡位直至波形显示满足测试要求。

③ 按 $\boxed{\text{CH1}}$ 键选择通道 1，旋转垂直（VERTICAL）区域的垂直 ⚙POSITION 旋钮调整通道 1 波形的垂直位置。

④ 按 $\boxed{\text{CH2}}$ 键选择通道 2，如前操作，调整通道 2 波形的垂直位置。使通道 1、2 的波形既不重叠在一起，又利于观察比较。

（2）测量正弦信号通过电路后产生的延时，并观察波形的变化。

① 自动测量通道延时：

按下 $\boxed{\text{MEASURE}}$ 键以显示自动测量菜单。

按下 1 号菜单操作键以选择信源 CH1。

按下 3 号菜单操作键选择：时间测量 。

在时间测量选择测量类型：延迟 $1 \rightarrow 2f$。

② 观察波形的变化（波形畸变示意图如图 2 - 47 所示）。

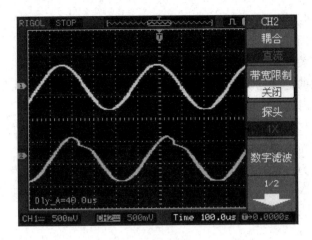

图 2-47　波形畸变示意图

2.4　AS2294D 型双通道交流毫伏表

一、概述

　　AS2294D 型双通道交流毫伏表分别是由两组性能相同的集成电路及晶体管组成的高稳定度的放大器电路和表头指示电路等组成，其表头采用同轴双指针式电表，可十分清晰、方便地同时进行双路交流电压的测量和比较。"同步—异步"操作给测量特别是立体声双通道的测量带来了很大的方便。

　　该电压表具有测量电压频率范围宽、测量电压灵敏度高、噪声低和测量误差小的优点，并具有相当好的线性度。

　　主要技术参数：

　　(1) 测量电压范围：30 μV～300 V，共 13 挡。

　　(2) 测量电压频率范围：5 Hz～2 MHz。

　　(3) 测量电平范围：-90 dBV～$+50$ dBV；

　　　　　　　　　　　　-90 dBm～$+52$ dBm。

　　(4) 输入/输出形式：接地/浮置。

　　(5) 同步/异步功能：有。

　　(6) 控制电路：CPU。

　　(7) 固有误差：以 1 kHz 为基准。

　　① 电压测量误差：$\pm3\%$（满度值）；

　　② 频率影响误差：20 Hz～20 kHz $\pm3\%$，

　　5 Hz～1 MHz $\pm5\%$，5 Hz～2 MHz $\pm7\%$。

　　(8) 工作误差：

　　① 电压测量误差：$\pm5\%$（满度值）；

　　② 频率影响误差：20 Hz～20 kHz $\pm5\%$，

　　5 Hz～1 MHz $\pm7\%$，5 Hz～2 MHz $\pm10\%$。

（9）两通道之间的误差：不超过满刻度的 5％（1 kHz）。

（10）两通道之间的隔离度：≥100 dB（1 kHz）。

（11）电路的相关电阻：

① 两通道之间的绝缘电阻≥100 MΩ；

② 两通道浮置时对地电阻≥100 MΩ；

③ 直流电压≤100 V。

（12）噪声电压在输入端良好短路时≤10 μV。

（13）输入阻抗为 1 kHz 时，输入阻抗约为 2 MΩ。

输入电容 300 μV～100 mV/1 mV～300 V 挡≤40 pF（不包括双夹线电容）；

300 mV～100 V/1 V～300 V 挡≤20 pF（不包括双夹线电容）。

（14）输出特性：

① 开路输出电压约为 100 mV（当输入电压为满度值时）；

② 输出阻抗约为 600 Ω；

③ 失真≤5％。

（15）正常工作条件：

① 环境温度：0～+40℃；

② 相对湿度：40％～80％；

③ 大气压力：86 kPa～106 kPa；

④ 电源电压：交流 220 V±22 V，频率为 50 Hz±2 Hz；

⑤ 电源功率：7 VA。

二、工作原理

本机有两组性能相同的输入衰减器、前置放大器、电子衰减器、主放大器、线性放大器、电源及控制电路组成。

前置放大器由高输入阻抗及低输出阻抗的复合放大电路构成，由于采用了低噪声器件及工艺措施，因此具有较小的本机噪声，输入端还具有过载保护作用。

电子衰减器由集成电路构成，受控制电路控制，因此具有较高的可靠性及长期工作的稳定性。

主放大器有几级宽带低噪声，无相移放大器电路组成，由于采用了深度负反馈，因此电路稳定可靠。

线性检波电路是一个宽带线性检波电路，由于采用特殊电路，使检波线性达到理想线性化。

控制电路根据面板量程开关或数码开关、异步工作开关，正确控制两个通道的输入衰减器及电子衰减器，以指示不同的输入被测电压。

AS2294D 型双通道交流毫伏表采用数码开关和单片机结合控制被测电压的输入量程，用指示灯指示量程范围。因而避免了硬件开关打滑后不能对准量程的缺点，并避免从高量程切换到低量程时因过载而可能造成仪器损坏。本机带有开机和关机表头保护电路，避免了开机和关机时表头指针受到冲击。

三、面板功能

前、后面板各操作开关及输入/输出插座说明分别如图 2-48 和图 2-49 所示。

(a) 实物图

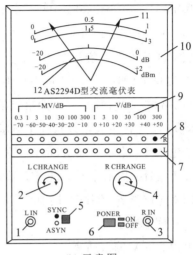

(b) 示意图

图 2-48 前面板

（1）左通道（L IN）输入插座：输入被测交流电压。

（2）左通道（L CHRANGE）量程调节旋钮（灰色）。

（3）右通道（R IN）输入插座：输入被测交流电压。

（4）右通道（R CHRANGE）量程调节旋钮（橘红色）。

（5）"同步/异步"按键："SYNC"即橘红色灯亮，左右量程调节旋钮进入同步调整状态，旋转两个量程调节旋钮中的任意一个，另一个的量程也随着同步改变；"ASYN"即绿灯亮，量程调节旋钮进入异步状态，转动量程调节旋钮，只改变相应通道的量程。

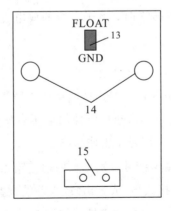

图 2-49 后面板

（6）电源开关：按下，仪器电源接通（ON）；弹起，仪器电源被切断（OFF）。

（7）左通道（L）量程指示灯（绿色）：绿色指示灯所亮位置对应的量程为该通道当前所选量程。

（8）右通道（R）量程指示灯（橘红色）：橘红色指示灯所亮位置对应的量程为该通道当前所选量程。

（9）电压/电平量程挡：共 13 挡，分别是：0.3 mV/−70 dB、1 mV/−60 dB、3 mV/−50 dB、10 mV/−40 dB、30 mV/−30 dB、100 mV/−20 dB、300 mV/−10 dB、1 V/0 dB、3 V/10 dB、10 V/20 dB、30 V/30 dB、100 V/40 dB、300 V/50 dB。

（10）表刻度盘：共 4 条刻度线，由上到下分别是 0~1、0~3、−20~0 dB、−20~+2 dBm。在测量电压时，若所选量程是 10 的倍数，读数看 0~1，即第一条刻度线；若所选量程是 3 的倍数，读数看 0~3，即第二条刻度线。当前所选量程均指指针从 0 达到满刻度时的电压值，具体每一大格及每一小格所代表的电压值应根据所选量程确定。

（11）红色指针：指示右通道（R IN）输入交流电压的有效值。

（12）黑色指针：指示左通道（R IN）输入交流电压的有效值。

（13）FLOAT（浮置）/GND（接地）开关。

（14）信号输出插座。

（15）电源 220 V 输入插座。

四、使用方法

1. 开机之前准备工作及注意事项

（1）测量仪器的放置以水平位置为宜（即表面垂直于桌面放置）。

（2）在接通电源前，先看表针机械零点是否为"零"，否则需分别进行调零。

（3）测量量程在不知被测电压大小的情况下尽量放到高量程挡，以免输入过载。

（4）测量 30 V 以上的电压时，需注意安全。

（5）所测交流电压的直流分量不得大于 100 V。

（6）在接通电压及输入量程转换时，由于电容的放电过程，指针有所晃动，需待指针稳定后读取数据。

2. 测量方法

（1）AS2294D 型双通道交流毫伏表是由两个电压表组成的，因此在异步工作时它是两个独立的电压表。也就是说，其可作为两台单独的电压表使用，一般测量两个电压量程相差较大时，如测量放大器增益，可用异步工作状态。

被测放大器的输入信号及输出信号分别加至两通道输入端，从两个不同的量程开关及表头指示的电压或 dB 值，就直接读出（或算出）放大器的增益（或放大倍数）。

（2）当仪表同步工作时，可由一个通道量程控制旋钮同时控制两个通道的量程，这特别适用于立体声或两路相同放大特性的放大器情况下进行测量，由于测量灵敏度高，其可测量立体声录放磁头的灵敏度、录放前置均衡电路及功率放大电路等，由于两组电压表具有相同的性能及相同的测量量程，因此当被测对象是双通道时可直接读出两被测声道的不平衡度(如图 2-50 所示)。R、L 放大器分别为立体声放大的二放大电路,如性能相同(平衡),则两个指针应重叠,如不重叠,就可读出不平衡度(单位为 dB)。

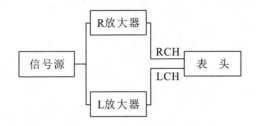

图 2-50 不平衡度测量

(3) 由于 AS2294D 型双通道交流毫伏表具有输出功能,因此可作为两个独立的放大器。

当输入选择在 300 μV 量程挡时,该仪表具有 316 倍放大功能(即 50 dB)。

当输入选择在 1 mV 量程挡时,仪表具有 100 倍放大功能(即 40 dB)。

当输入选择在 3 mV 量程挡时,仪表具有 31.6 倍放大功能(即 30 dB)。

当输入选择在 10 mV 量程挡时,仪表具有 10 倍放大功能(即 20 dB)。

当输入选择在 30 mV 量程挡时,仪表具有 3.16 倍放大功能(即 10 dB)。

3. 浮置功能使用

(1) 在音频信号传输中,有时需要平衡传输,此时测量其电平时,不能采用接地方式,需要浮置方式进行测量。

(2) 在测量 BTL 放大器时(如大功率 BTL 功放),输出两端的任一端都不能接地,否则会引起测量不准,甚至烧坏功放管。这时宜采用浮置方式进行测量。

(3) 某些需要防止地线干扰的放大器、带有直流电压输出的端子以及元器件两端电压的在线测试等均可采用浮置方式进行测量,以避免由于公共接地带来的干扰或短路。

4. 其他应用

由于该仪表具有较宽的频带和较高的灵敏度,因此可用于电源纹波的测量以及其他微弱信号的测量。

2.5 功 率 表

一、概述

在直流电路中,功率的表达式为 $P = UI$;在交流电路中,功率的表达式为 $P = UI\cos\varphi$。显然,要利用一个表测量功率,就必须反映电压和电流的乘积。完成这种功能的表就是功率表。

功率表大多数采用电动系测量机构,这种仪表通常称为电动系功率表。将固定线圈

（电流线圈）与负载串联，活动线圈（电压线圈）与负载并联，就构成了电动系功率表的测量机构，如图 2-51 所示。

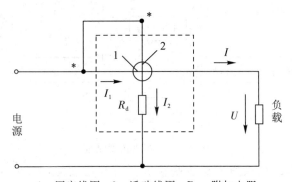

1—固定线圈；2—活动线圈；R_d—附加电阻

图 2-51　电动系功率表的原理线路

功率表的特点如下：

（1）准确度高（可达 0.05 级）。

（2）可交、直流两用，也可测非正弦量。

（3）易受外磁场影响。

（4）自身损耗较大。

（5）过载能力小。

（6）功率表刻度均匀。

二、功率表的量程选择

功率表的量程选择，实际上是要正确选择功率表中的电流量程和电压量程。功率表一般有两个电流量程和三个电压量程，使用时，必须使电流量程大于或等于负载电流，电压量程大于或等于负载电压。因此，在工程测量中，为了保护功率表应接入电流表和电压表，以监视负载电压和电流不超过功率表的电压、电流量程。

例 2-1　某感性负载的功率约为 110 W，电压为 220 V，功率因数为 0.8，问应如何选择功率表的量程。现用 D26-W 型功率表测量其功率应如何选择功率表的量程？

解　已知 D26-W 型功率表的电压量程 U_m 为 75 V、150 V、300 V，电流量程 I_m 为 0.5 A 和 1 A。

负载电压为 220 V，电压量程应为 300 V 挡，故负载电流为

$$I = \frac{P}{U\cos\varphi} = \frac{110}{220 \times 0.8} = 0.625 \text{ A}$$

所以电流量程选为 1 A。

三、功率表的接线

1. 同名端

从功率表的工作原理可知，功率表有两个独立的支路，当接入电路时，必须使线圈中

的电流遵循一定的方向，使仪表指针有正方向偏转。为了使接线不致发生错误，通常在电流线圈支路的一端和电压线圈支路的一端标有"＊"或"±"等符号，称为"对应端"，即"同名端"。

2. 接线规则

（1）功率表的电流线圈是串联接入电路的。其电流端钮的非"＊"号端必须接至负载端。

（2）功率表的电压线圈支路并联接入电路的。标有"＊"号的电压端钮，可以接至电流端钮的任一端；而非"＊"号电压端钮则应跨接到负载的另一端。功率表的正确接线如图 2－52 所示。

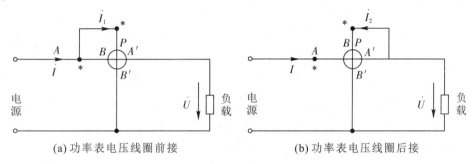

(a) 功率表电压线圈前接　　　　　　(b) 功率表电压线圈后接

图 2－52　功率表的正确接线

四、功率表的读数

功率表有多个电流和电压量程，但标度尺只有一条，故功率表的标度尺不标瓦特数，而只标明分格数。当选用不同的电流、电压量程时，对应的每一分格就代表不同的瓦特数，每一格代表的瓦特数称为功率表的仪表常数。

测量结果应等于读得功率表的偏转格数 α 乘上相应的仪表常数 C_P，即

$$P = C_P \times \alpha$$

式中，P 为被测功率（W）。

功率表有两类，即普通功率表和低功率因数功率表。

1. 普通功率表

普通功率表的仪表常数 C_P 为

$$C_P = \frac{U_m I_m}{\alpha_m} \quad （\text{W/ 格}）$$

式中，U_m、I_m 为分别为所选的功率表电压和电流量程；α_m—功率表标度尺的满刻度格数。

例 2－2　选用功率表的电压量程为 300 V，电流量程为 2.5 A，其标度尺的满刻度格数为 150 格，测量时读得指针的偏转格数为 128 格，此时负载所消耗的功率是多少？

解　分格常数为

$$C_P = \frac{U_m I_m}{\alpha_m} = \frac{300 \times 2.5}{150} = 5 \quad （\text{W/ 格}）$$

$$P = C_P \times \alpha = 5 \times 128 = 640 \quad （\text{W}）$$

2. 低功率因数功率表

低功率因数功率表的接线和使用方法与普通功率表相同，但它是在额定电压 U_m、额

定电流 I_m 及额定功率因数 $\cos\varphi_m$ 下指针能进行满刻度偏转，因此，低功率因数功率表的仪表常数为

$$C_P = \frac{U_m I_m \cos\varphi_m}{\alpha_m} \quad (\text{W/ 格})$$

式中，$\cos\varphi_m$ 的值在仪表表面上标明。

需要注意的是，仪表上标明的额定功率因数 $\cos\varphi_m$，并非为被测量负载的功率因数，而是仪表在刻度时，在额定电压、额定电流下能使指针进行全偏转（满刻度偏转）的额定功率因数。

第 3 章　电 路 实 验

- ❖ 线性与非线性元件的伏安特性测量
- ❖ 基尔霍夫定律与电位测量
- ❖ 电压源与电流源的等效互换
- ❖ 线性电路叠加定理验证
- ❖ 二端网络的研究——戴维宁定理和诺顿定理
- ❖ 最大功率传输条件的研究
- ❖ 交流参数的测定——三表法、三电流表法
- ❖ 交流电路中的互感
- ❖ 三相电路电压与电流的测量
- ❖ 串联谐振电路
- ❖ RC一阶电路的响应测试
- ❖ 二阶电路的响应
- ❖ 三相电路功率的测量
- ❖ 二端口网络参数的测定

实验一　线性与非线性元件的伏安特性测量

一、实验目的

(1) 掌握线性元件和非线性元件的伏安特性及其测量方法。

(2) 掌握万用表、直流电流表、直流稳压稳流电源的使用方法。

(3) 掌握伏安特性曲线的绘制。

二、实验预习要求

(1) 正确理解线性和非线性元件的概念。

(2) 认真阅读直流稳压稳流电源、万用表、直流数字电流表的使用说明。

(3) 写好实验预习报告，估算出被测参数的理论值，确定仪表量程。

三、原理与说明

一个二端元件的伏安特性是指该元件的端电压 U 与流经它的电流 I 之间的函数关系。通过实验的方法可测量该元件的伏安特性，并可用 U-I 直角坐标平面内的一条曲线（伏安特性曲线）来表示。

电阻元件可分为线性电阻和非线性电阻两大类：

(1) 线性电阻是指电阻值不随其两端的电压或流经它的电流的改变而变化的电阻，线性电阻的阻值是一个常数。线性电阻的伏安特性满足欧姆定律。它的伏安特性曲线是一条通过 U-I 平面原点的直线。直线的斜率与电阻元件阻值的大小有关，$\tan\theta = 1/R$，如图 3-1(a) 所示。该特性与元件电压、电流的大小和方向无关，故线性电阻也称为双向性元件。

(2) 非线性电阻的阻值 R 不是一个常量，所以其端电压与电流之间的关系不满足欧姆定律，其伏安特性是曲线，不是直线。非线性电阻的种类很多，如半导体二极管、光敏电阻、压敏电阻等都是非线性电阻。图 3-1(b) 所示为钨丝灯泡的伏安特性曲线。

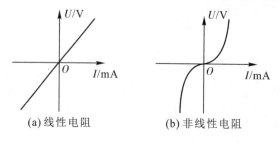

(a) 线性电阻　　　　　(b) 非线性电阻

图 3-1　伏安特性曲线

四、实验内容与步骤

1. 测定线性元件电阻器的伏安特性

（1）打开稳压稳流电源，将电压源调制为独立输出模式，选择一路通道并将输出电压调为 0 V，关闭通道开关，待连接导线。

（2）在电阻器实验板上选取阻值为 1 kΩ 的电阻 R_L，按图 3-2 所示电路连接导线，调节稳压稳流电源的输出电压，从 0 V 开始缓慢地增加，一直加到 10 V，使电路输入电压 U_S 按表 3-1 中的给定值进行变化，观察直流数字电流表，读取电路中的电流值 I，用数字万用表的直流电压挡测量电阻 R 两端的电压 U_R。

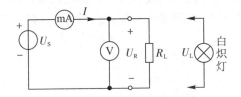

图 3-2 线性电阻器伏安特性测量电路

表 3-1 线性电阻伏安特性的测量

U_S/V	0.5	1	2	3	4	5	6	7	8	9	10
U_R/V											
I/mA											

2. 测定非线性元件（白炽灯泡）的伏安特性

将图 3-2 所示实验电路中的电阻 R_L 换成一只 6.3 V、0.1 A 的白炽灯泡，重复上文内容的步骤。U_L 为白炽灯泡两端的电压，将测量数据记录在表 3-2 中。

表 3-2 非线性电阻伏安特性的测量

U_S/V	0.5	1	1.5	2	2.5	3	3.5	4	4.5	5	5.5	6
U_L/V												
I/mA												

五、注意事项

（1）注意电源的输出模式，严禁将电源的输出端连接短路。

（2）在测量电流时，应将电流表串联在被测电路中，并注意电流表的正、负端的连接。

（3）在测量电压时，应将电压表并联在被测元件两端，测量时应将红表笔放在电路中电压的正极性端，黑表笔放在电压的负极性端。

（4）读取电压、电流表数据时应注意数值的正负及其量程。

（5）按照原理图检查线路，确认无误后才能打开电源开关，有疑惑时可询问老师。

六、实验设备和器材

(1) DF1731SB 可调直流稳压、稳流电源(三路):一台;

(2) HG2820 型直流数字电流表:一块;

(3) DT9205 型数字万用表:一块;

(4) EEL-51 元件箱(一):一个;

(5) 导线若干。

七、实验报告要求及思考

(1) 线性电阻与非线性电阻的概念是什么?它们的伏安特性有什么区别?

(2) 根据表 3-1 及表 3-2 所测量的数据,绘制各元件的伏安特性曲线。

实验二　基尔霍夫定律与电位测量

一、实验目的

（1）通过实验验证基尔霍夫电流定律和电压定律，进一步加深对基尔霍夫定律的理解。

（2）验证电路中电压的绝对性和电位的相对性。

（3）熟练使用直流数字电压表、直流数字电流表，加深对参考方向的理解。

二、实验预习要求

（1）复习基尔霍夫定律相关理论知识。

（2）写好实验预习报告。

三、原理与说明

1. 基尔霍夫定律的验证

基尔霍夫电流定律和电压定律是电路的基本定律，它们分别描述结点电流和回路电压，即对电路中的任一结点而言，在设定电流的参考方向下，应有 $\sum I = 0$。一般流出结点的电流取负号，流入结点的电流取正号；对任何一个闭合回路而言，在设定电压的参考方向下，绕行一周，应有 $\sum U = 0$，一般电压方向与绕行方向一致的电压取正号，电压方向与绕行方向相反的电压取负号。

2. 电位与电压

电路中某点的电位是指该点和电路的参考点之间的电压。若设电路的参考点为 C 点，则电路中 D 点的电位 V_D 是 D 点指向参考点 C 点的电压，即 $V_D = U_{DC}$。

电位是标量，电路中某点电位的高低会依据所选参考点的不同而改变，因此电位是相对的。电路中任意两点之间的电压是这两点电位的差。例如，A、B 是电路中的两个节点，则这两点之间的电压 U_{AB} 为这两点的电位 V_A 和 V_B 的差，即 $U_{AB} = V_A - V_B$，电压方向由 A 指向 B，电压是矢量，电压方向可以用电路图中的"＋"、"－"号或箭头表示，也可以用变量下方的字母表示，例如，U_{AB} 表示电压方向由 A 指向 B，电路中两点之间的电压（电位差）是绝对的，它不随参考点的改变而改变。

四、实验内容与步骤

1. 调节电流源电流

按照图 3-3 连接电路，调节电流源上的调节旋钮，改变电流大小，用电流表测量的电流值为 10 mA。

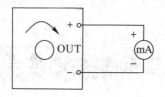

图 3-3　电流源电流调节示意图

2. 电路连接及测量

按图 3-4 所示的电路连接导线，分别测量各支路的电流和各元件上的电压，将数据记录在表 3-3 中。

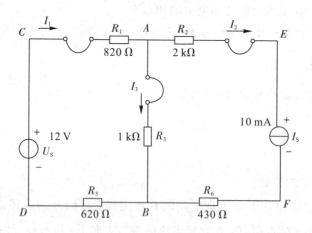

图 3-4　实验线路

表 3-3　基尔霍夫定律的验证

	I_1/mA	I_2/mA	I_3/mA	U_{AB}/V	U_{BC}/V	U_{AE}/V	U_{BD}/V	U_{EF}/V	U_{AC}/V	U_{FB}/V
计算值										
测量值										

3. 电位与电压的研究

分别以电路中 A、B 为参考点，测量电路中各点电位，计入表 3-4 中，并由此计算出表中所示各电压。

表 3-4　电位的测量

电位参考点	内容	V_A	V_B	V_C	V_D	V_E	V_F	U_{AB}	U_{AC}	U_{BD}	U_{CD}	U_{AE}	U_{EF}
A	测量值												
	计算值												
B	测量值												
	计算值												

五、注意事项

（1）按照原理图检查无误后再实验。

（2）注意电源的正确连接，电源两输出端切勿短路。

（3）在测量电流时，注意电路中电流的实际方向和参考方向之间的关系，电流表的正、负接线端切勿接反。

六、实验设备和器材

（1）DF1731SB 可调直流稳压、稳流电源（三路）：一台；

（2）HG2820 型直流数字电流表：一块；

（3）DT9205 型数字万用表：一块；

（4）EEL－53F 元件箱（三）：一个；

（5）QSDG1－004 日光灯模块：一块；

（6）电流测试孔及测试线：一套；

（7）导线若干。

七、实验报告要求及思考

（1）根据实验数据计算各支路电流，并与测量值相比较，分析产生误差的主要原因。

（2）电压和电位的区别是什么？

（3）基尔霍夫定律在非线性电路中是否成立？

实验三　　电压源与电流源的等效互换

一、实验目的

（1）加深对理想电流源和理想电压源的外特性（伏安特性）的认识和理解。

（2）验证实际电流源模型和电压源模型的等效互换的条件。

（3）掌握电源外特性的测试方法。

二、实验预习及要求

（1）复习实际电压源、理想电流源、实际电流源的外特性。

（2）复习电压源和电流源等效变换的条件。

（3）写好实验预习报告、估算出被测参数的理论值，确定仪表量程。

三、实验原理与说明

1. 电压源

理想直流电压源是指输出电压与外部所接负载（外电路）无关，能输出恒定电压的电源，现实中一个直流稳压电源在一定的电流范围内，具有很小的内阻，所以常将它视为一个理想的电压源，其伏安特性曲线是一条平行于 I 轴的直线，如图 3-5 中曲线 1 所示。实际电压源可以用一个理想电压源 U_S 和电阻 R_0 串联的电路模型来获得，它输出的电压与外部所接负载有关，其伏安特性如图 3-5 曲线 2 所示。若实际电压源的内阻与外部负载电阻相比小很多，可以近似地看成是理想电压源。

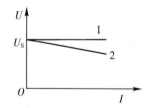

图 3-5　直流电压源的伏安特性

2. 电流源

电流源是除电压源以外的另一种形式的电源，它可以产生电流提供给外电路。电流源可分为理想电流源和实际电流源（实际电流源通常简称为电流源）。理想电流源是指输出电流与外接负载无关，能输出恒定电流的电源，也称为恒流源，其伏安特性如图 3-6 所示。理想电流源具有两个基本性质：第一，它的电流是恒定值，而与其端电压的大小无关；第二，理想电流源的端电压并不能由它本身决定，而是由与之相连接的外电路所确定的。

　　在实际电流源中，当其端电压增大时，通过外电路的电流并非是恒定值，而是要减小的。端电压越高，电流下降得越多；反之，端电压越低通过外电路的电流越大，当端电压为零时，流过外电路的电流最大为 I_s。实际电流源可以用一个理想电流源 I_s 和一个内阻 R_s 相并联的电路模型表示。实际电流源的伏安特性如图 3-7 所示。

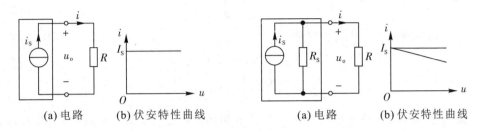

|　(a) 电路　　　　(b) 伏安特性曲线　　　　　(a) 电路　　　　(b) 伏安特性曲线|

　　　图 3-6　理想电流源的伏安特性　　　　　图 3-7　实际电流源的伏安特性

　　某些器件的伏安特性具有近似理想电流源的性质。例如，硅光电池、晶体三极管输出特性等。

3. 电源的等效变换

　　对外电路来说，一个实际的电压源模型和一个实际电流源模型之间是可以进行等效互换的，在一定条件下，这两种电路模型对外部电路表现出的特性时相同的。原理证明如下：

　　设有一个电压源和一个电流源分别与相同阻值的外电阻 R 相接，如图 3-8 所示。对于图 2-4(a) 所示电压源来说，电阻 R 两端的电压 U 和流过 R 的电流 I 之间的关系可表示为

$$U = U_s - IR_s$$

或

$$I = \frac{U_s - U}{R_s} = \frac{U_s}{R_s} - \frac{U}{R_s}$$

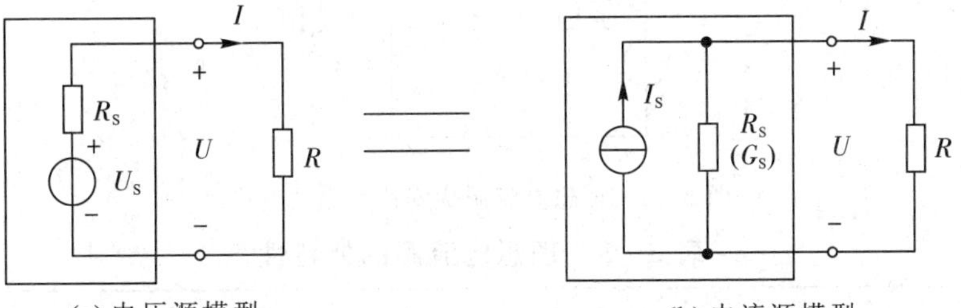

　　　　　(a) 电压源模型　　　　　　　　　　(b) 电流源模型

图 3-8　电源的等效变换

　　对于图 3-8(b) 所示电流源电路来说，电阻 R 两端的电压 U 和流过它的电流 I 的关系可表示为

$$I = I_s - \frac{U}{R_s}$$

或

$$U = I_s R_s - I R_s$$

如果两种电源满足以下关系

$$I_s = \frac{U_s}{R_s} \tag{3.3.1}$$

$$G_s = \frac{1}{R_s} \tag{3.3.2}$$

则电压源电路的两个表达式可以写成

$$U = U_s - I R_s = I_s R_s - I R_s$$

$$I = \frac{I_s R_s - U}{R_s} = I_s - \frac{U}{R_s}$$

可见表达式与电流源电路的表达式是完全相同的，也就是说，在满足式(3.3.1)和式(3.3.2)的条件下，两种电源对外电路电阻 R 是完全等效的。两种电源互相替换，对外电路将不发生任何影响。

式(3.3.1)和式(3.3.2)是电源等效互换的条件。利用它可以很方便地把一个参数为 U_s 和 R_s 的电压源变换为一个参数为 $I_s = \frac{U_s}{R_s}$ 和 R_s 的等效电流源；反之，也可以很容易地把一个电流源转化成一个等效的电压源。

四、实验内容与步骤

1. 测试理想电流源的外特性

按图 3-9 接线，选择开关 S 为打开状态，此时为理想电流源电路，调节旋钮，使得 I_s 输出为 8 mA，R_L 使用多值电阻器，依次调节 R_L 的值，测试 U_L 及 I_L，并记录在表 3-5 中。

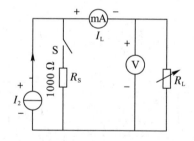

图 3-9 理想电流源伏安特性测试电路

表 3-5 理想电流源的外特性

R_L/Ω	100	200	400	600	800	1000	3000	5000
I_L/mA								
U_L/V								

2. 测试实际电流源的外特性

将选择开关 S 闭合，此时为实际电流源电路，调节旋钮，使得 I_s 输出为 8 mA，依次调节 R_L 的值，测试 U_L 及 I_L，并记录在表 3-6 中。

表 3-6　实际电流源的外特性

R_L/Ω	100	200	400	600	800	1000	3000	5000
I_L/mA								
U_L/V								

3. 测试电流源与电压源等效变换的条件

根据电源等效变换的条件，将图 3-9 所示的电流源等效置换成一个电压源，计算出 R_S、U_S 的值。按图 3-10 连接电路，U_S 为稳压稳流电源，R_L 为表 3-7 中所列数值，记录相对应的电流值 I_L 及电压值 U_L，填入表 3-7 中。

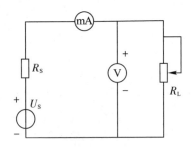

图 3-10　电压源的伏安特性测试电路

表 3-7　实际电压源的外特性

R_L/Ω	100	200	400	600	800	1000	3000	5000
I_L/mA								
U_L/V								

比较表 3-6 和表 3-7 中的数据，验证实际电流源与实际电压源的等效性。

五、注意事项

（1）按照原理图检查无误后再做实验。

（2）注意电源的正确连接，电源两端切勿短路。

（3）在使用仪表测量时注意极性。

六、实验设备

（1）DF1731SB 可调直流稳压、稳流电源（三路）：一台；

（2）HG2820 型直流数字电流表：一块；

（3）QSDC-011 恒流源：一块；

（4）EEL-51 元件箱（一）：一个；

（5）DT9205 型数字万用表：一块；

（6）导线若干。

七、实验报告要求及思考

（1）根据表 3-5～表 3-7 中的实验数据，绘制理想电流源、实际电流源以及电压源的伏安特性曲线。

（2）比较两种电源等效变换后的结果，并分析产生误差的原因。

实验四　线性电路叠加定理验证

一、实验目的

(1) 通过实验加深对叠加定理的理解。

(2) 进一步熟悉稳压稳流电源及数字电流表的使用。

二、实验预习及要求

(1) 认真阅读直流稳压稳流电源、直流数字电流表的使用方法。

(2) 结合图 3-11 所示实验电路及所给出的电路参数，计算出被测参数的理论值，确定直流数字电流表的量程。

(3) 写好实验预习报告，估算出被测参数的理论值，确定仪表量程。

三、原理与说明

叠加定理：

(1) 在线性电路中，当有多个独立电源共同作用时，通过电路元件的电流或其两端的电压可以看成是由各个独立电源分别单独作用时在该元件上所产生的电流或电压的代数和。叠加定理只适用于线性电路中电压和电流的计算，不适用于功率的计算。

(2) 对含有受控电源的线性电路，叠加定理也是适用的。

四、实验内容及步骤

用电阻器实验板按图 3-11 所示实验电路接线。图中，U_S、I_S 分别由可调直流稳压、稳流电源和恒流源提供，其中 $U_S = 8\text{ V}$，$I_S = 8\text{ mA}$，单刀双掷开关 S_1、S_2 分别控制 U_S 和 I_S 两个电源是否作用于电路。当开关扳向短路一侧时，说明该电源不作用于电路。

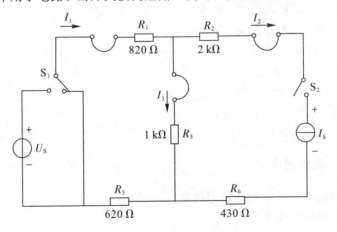

图 3-11　验证叠加定理实验电路

（1）调节电压源为独立输出模式，输出电压 8 V，然后关机待用。

（2）按照图 3-11 连接电路，接通 $U_S=8$ V 电源，即 S_1 合向电源 U_S 一侧，S_2 断开，测量 U_S 单独作用于电路时，各支路的电流 I_1、I_2 和 I_3 的数值，将测量结果记录在表 3-8 中。测量支路电流时，应注意电流的参考方向。

（3）S_1 合向短路一侧，S_2 闭合，$I_S=8$ mA，测量 I_S 单独作用于电路时，各支路的电流 I_1、I_2 和 I_3 的数值，将测量结果记录在表 3-8 中。

（4）接通 U_S 和 I_S 电源，测量 U_S 和 I_S 共同作用于电路时，各支路的电流 I_1、I_2 和 I_3 的数值，将测量结果记录在表 3-8 中。

（5）利用表 3-8 中的数据验证叠加原理。

表 3-8　验证叠加定理

	I_1/mA			I_2/mA			I_3/mA		
	测量	计算	误差	测量	计算	误差	测量	计算	误差
U_S 单独作用									
I_S 单独作用									
代数和									
U_S、I_S 共同作用									

五、注意事项

（1）按照原理图检查无误后再做实验。

（2）注意电源的正确连接，电源的两个输出端切勿短路。

（3）在测量电流时，注意电路中电流的实际方向和参考方向之间的关系，电流表的正、负接线端切勿接反。

六、实验设备

（1）DF1731SB 可调直流稳压、稳流电源（三路）：一台；

（2）HG2820 型直流数字电流表：一块；

（3）DT9205 型数字万用表：一块；

（4）EEL-53F 元件箱（三）：一个；

（5）QSDG1-004 日光灯模块：一块；

（6）电流测试孔及测试线：一套；

（7）导线若干。

七、实验报告要求及思考

（1）根据测量的实验数据整理填写数据表格。

（2）叠加定理的使用条件是什么？

实验五　　二端网络的研究——戴维宁定理和诺顿定理

一、实验目的

（1）验证戴维宁定理、诺顿定理的正确性，加深对该定理的理解。

（2）掌握测量有源二端网络等效参数的一般方法。

二、实验预习及要求

（1）如何测量有源二端网络的开路电压和短路电流？在什么情况下不能直接测量开路电压和短路电流？

（2）说明测量有源二端网络开路电压及等效内阻的几种方法，并比较其优缺点。

三、实验原理

1. 戴维宁定理和诺顿定理

（1）戴维宁定理：任何一个有源二端网络（如图 3-12(a)所示），总可以用一个电压源 U_S 和一个电阻 R_S 串联组成的实际电压源来代替（如图 3-12(b)所示）。其中，电压源 U_S 等于这个有源二端网络的开路电压 U_{OC}，内阻 R_S 等于该网络中所有独立电源均置零（电压源短接，电流源开路）后的等效电阻 R_O。

（2）诺顿定理：任何一个有源二端网络（如图 3-12(a)所示），总可以用一个电流源 I_S 和一个电阻 R_S 并联组成的实际电流源来代替（如图 3-12(c)所示）。其中，电流源 I_S 等于这个有源二端网络的短路电源 I_{SC}，内阻 R_S 等于该网络中所有独立电源均置零（电压源短接，电流源开路）后的等效电阻 R_O。

U_S、R_S 和 I_S、R_S 称为有源二端网络的等效参数。

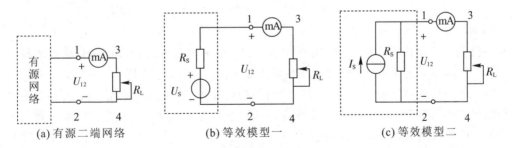

(a) 有源二端网络　　　　(b) 等效模型一　　　　(c) 等效模型二

图 3-12　戴维宁定理等效模型

2. 有源二端网络等效参数的测量方法

1）开路电压、短路电流法

在有源二端网络输出端开路时，用电压表直接测其输出端的开路电压 U_{OC}，然后再将其输出端短路，测其短路电流 I_{SC}，并且内阻 $R_S = \dfrac{U_{OC}}{I_{SC}}$。若有源二端网络的内阻值很低时，则不宜测其短路电流。

2) 伏安法

伏安法的一种方法是用电压表、电流表测出有源二端网络的外特性曲线，如图 3-13 所示。开路电压为 U_{OC}，根据外特性曲线求出斜率 $\tan\phi$，则内阻为

$$R_S = \tan\phi = \frac{\Delta U}{\Delta I}$$

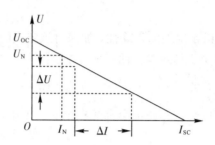

图 3-13　伏安法测内阻

伏安法的另一种方法是测量有源二端网络的开路电压 U_{OC}、额定电流 I_N 以及对应的输出端额定电压 U_N，如图 3-13 所示。则内阻为

$$R_S = \frac{U_{OC} - U_N}{I_N}$$

3) 半压法

半压法如图 3-14 所示。当负载电压为被测网络开路电压 U_{OC} 一半时，负载电阻 R_L 的大小(由电阻箱的读数确定)即为被测有源二端网络的等效内阻 R_S 数值。

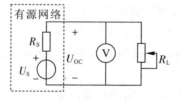

图 3-14　半压法

4) 零示法

在测量具有高内阻有源二端网络的开路电压时，用电压表进行直接测量会造成较大的误差，为了消除电压表内阻的影响，往往采用零示法，如图 3-15 所示。零示法的测量原理是，用一低内阻的恒压源与被测有源二端网络进行比较，当恒压源的输出电压与有源二端网络的开路电压相等时，电压表的读数将为"0"，然后将电路断开，测量此时恒压源的输出电压 U，即为被测有源二端网络的开路电压。

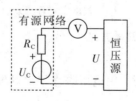

图 3-15　零示法

四、实验内容及步骤

1. 测量含源网络的外特性

（1）调节直流稳压稳流电源一路输出 12 V，关闭通道输出。按图 3−16 接线，使用多值电阻器作为外接负载电阻 R_L。

（2）打开电源通道开关，根据表 3−9 测试出含源网络的开路电压 U_{OC} 和短路电流 I_{SC}，计算出网络端口 1、1′两端的等效电阻 $R_{eq}＝U_{OC}/I_{SC}$，将数据记入表 3−9 中。

（3）按表 3−10 调节电阻 R_L 的阻值，逐一进行测试，将被测电流 I 和 R_L 两端的电压 U_L 的测试结果填入表 3−10 中。

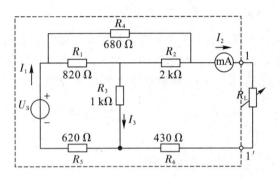

图 3−16　实验线路

表 3−9　等效参数测量

U_{OC}/V	I_{SC}/mA	$R_S＝U_{OC}/I_{SC}$

表 3−10　含源网络的外特性测试

R_L/Ω	200	400	800	1000	1500	3000	4000
I/mA							
U/V							

2. 验证戴维宁及诺顿定理

（1）测量有源二端网络等效电压源的外特性：图 3−12(b)所示电路是图 3−16 的等效电压源电路。图中，电压源 U_S 为稳压电源的可调输出端，调整到表 3−9 中 U_{OC} 的数值，内阻 R_S 按表 3−9 中计算出来的 R_S（取整）调节电阻。将电阻箱调节到负载电阻 R_L 对应的阻值，逐点测量对应的电压、电流，将数据记入表 3−11 中。

表 3−11　戴维宁定理验证

R_L/Ω	200	400	800	1000	1500	3000	4000
I/mA							
U/V							

（2）测量有源二端网络等效电流源的外特性：图 3-12(c) 所示电路是图 3-16 的等效电流源电路。图中，电流源 I_S 为恒流源，并调整到表 3-12 中 I_{SC} 的数值，内阻 R_S 按表 3-9 中计算出来的 R_S（取整）调节电阻。将电阻箱调节到负载电阻 R_L 对应的阻值，逐点测量对应的电压、电流，将数据记入表 3-12 中。

表 3-12　诺顿定理的验证

R_L/Ω	200	400	800	1000	1500	3000	4000
I/mA							
U/V							

五、实验注意事项

（1）按照原理图检查无误后再做实验；在测量时，注意电流表量程的更换。

（2）注意电源的正确连接，电源两输出端切勿短路；在改换线路时，要关掉电源。

（3）在验证戴维南定理时，注意调节电压源的输出电压值为 U_{OC}，电流源的输出值为 I_{SC}。

六、实验设备

（1）ODP3032 可调直流稳压、稳流电源（三路）：一台；

（2）HG2820 型直流数字电流表：一块；

（3）EEL-51 元件箱（一）：一个；

（4）EEL-53F 元件箱（三）：一个；

（5）ZX36 型多值电阻器：一个；

（6）DT9205 型数字万用表：一块；

（7）导线若干。

七、实验报告要求

（1）回答思考题。

（2）根据表 3-12 和表 3-13 的数据，计算有源二端网络的等效参数 U_S 和 R_S。

（3）根据表 3-13～表 3-15 的数据，绘出有源二端网络和有源二端网络等效电路的伏安特性曲线，验证戴维南定理和诺顿定理的正确性。

（4）说明戴维南定理和诺顿定理的应用场合。

实验六　最大功率传输条件的研究

一、实验目的

（1）理解阻抗匹配，掌握最大功率传输的条件。

（2）掌握根据电源外特性设计实际电源模型的方法。

二、实验预习及要求

（1）什么是阻抗匹配？电路传输最大功率的条件是什么？

（2）电路传输的功率和效率如何计算？

（3）根据图 3-16 给出的二端网络的外部特性，测出实际电压源模型中的电压源 U_S 和内阻 R_S，作为实验电路中的电源。

（4）电压表、电流表前后位置对换，对电压表、电流表的读数有无影响？为什么？

三、原理与说明

电源向负载供电的电路如图 3-17 所示。图中，R_S 为电源内阻，R_L 为负载电阻。当电路电流为 I 时，负载 R_L 得到的功率为

$$P_L = I^2 R_L = \left(\frac{U_S}{R_S + R_L} \right)^2 \times R_L$$

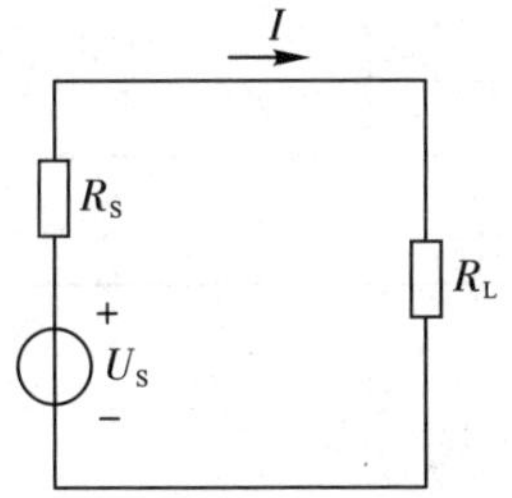

图 3-17　电源向负载供电的电路

可见，当电源 U_S 和 R_S 确定后，负载得到的功率大小只与负载电阻 R_L 有关。令 $\dfrac{\mathrm{d}P_L}{\mathrm{d}R_L} = 0$，可得当 $R_L = R_S$ 时，负载得到最大功率 $P_L = P_{Lmax} = \dfrac{U_S^2}{4R_S}$。$R_L = R_S$ 称为阻抗匹配，即电源的内阻抗（或内电阻）与负载阻抗（或负载电阻）相等时，负载可以得到最大功率。也就是说，最大功率传输的条件是供电电路必须满足阻抗匹配。

负载得到最大功率时电路的效率：$\eta = \dfrac{P_L}{U_S I} = 50\%$。在实验中，负载得到的功率用电压表、电流表测量。

四、实验内容

(1) 根据图 3-16 所示的二端网络外特性设计一个实际电压源模型。已知电源外特性曲线如表 3-10 所测,根据表中给出的开路电压和短路电流数值,计算出实际电压源模型中的电压源 U_S 和内阻 R_S。在实验中,电压源 U_S 选用恒压源的可调稳压输出端,内阻 R_S 选用固定电阻。

(2) 测量电路传输功率。用上述设计的实际电压源与负载电阻 R_L 相连,其电路如图 3-18 所示,图中,R_L 选用电阻箱,从 200 Ω~4 kΩ 改变负载电阻 R_L 的数值,测量对应的电压、电流,将数据记入表 3-13 中。

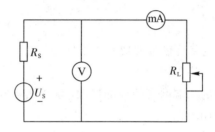

图 3-18 最大功率验证

表 3-13 电路传输功率数据

R_L/Ω	200	400	800	1000	R_S	1500	3000	4000
U/V								
I/mA								
P_L/mW								
$\eta/\%$								

五、实验注意事项

电源用恒压源的可调电压输出端,其输出电压根据计算的电压源 U_S 数值进行调整。

六、实验设备

(1) ODP3032 可调直流稳压、稳流电源:一台;

(2) HG2820 型直流数字电流表:一块;

(3) EEL-51 元件箱(一):一个;

(4) EEL-53F 元件箱(三):一个;

(5) ZX36 型多值电阻器:一个;

(6) DT9205 型数字万用表:一块;

(7) 导线若干。

七、实验报告要求

（1）回答思考题。

（2）根据表 3-13 的实验数据，计算出对应的负载功率 P_L，并画出负载功率 P_L 随负载电阻 R_L 变化的曲线，找出传输最大功率的条件。

（3）根据表 3-13 的实验数据，计算出对应的效率 η，指明：① 传输最大功率时的效率；② 什么时候出现最大效率？由此说明电路在什么情况下，传输最大功率才比较经济、合理。

实验七　　交流参数的测定——三表法、三电流表法

一、实验目的

（1）学习常用的交流仪表（如交流电流表、功率表、万用表等）的使用方法。

（2）掌握用三电表测量交流电路的等效参数的方法。

（3）掌握用三电流表测量交流电路的等效参数的方法。

二、实验预习及要求

（1）学习交流电流表、功率表的接线及测量数据的读取方法。

（2）复习交流电路中电容、电感等元件的等效参数相关知识。

三、原理与说明

1. 三表法

（1）在交流电路中，元件的阻抗值或无源一端口网络的等效阻抗值，可用交流电压表、交流电流表和功率表分别测出元件（或网络）两端的电压 U、流过的电流 I 以及它所消耗的有功功率 P 之后，再通过计算可得出实际电路元件的等效参数。例如，一个实际的电感线圈，在低频应用时通常可以略去线圈的匝间分布电容，而将其等效为电阻和电感元件的串联，其电感等效模型如图 3-19 所示。则阻抗为

$$Z = R + jX = R + j\omega L = \sqrt{R^2 + (\omega L)^2} \angle\varphi = |Z| \angle\varphi$$

线圈两端电压与电流之间的关系为

$$\dot{U} = Z\dot{I}$$

线圈吸收的功率为

$$P = IU\cos\varphi$$

因此只要测出 U、I、P，就能计算出线圈的等效参数，这种测量方法简称为三表法。

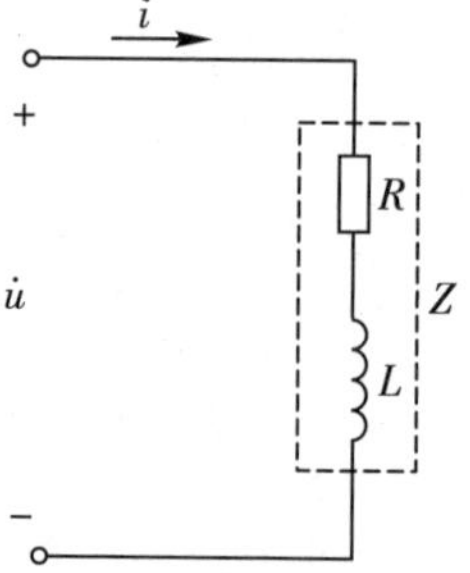

图 3-19　电感等效模型

（2）用三表法测得的 U、I、P 的数值还不能判别被测阻抗属于容性还是感性，一般可以用以下方法加以确定：

① 在被测元件两端并接一只适当容量的电容器，若电流表的读数增大，则被测元件为容性；若电流表的读数减小，则为感性。

实验电容的电容量可根据下列不等式选定

$$B' < |2B|$$

式中，B' 为实验电容的容纳；B 为被测元件电纳。

② 利用示波器观察阻抗元件的电流及端电压之间的相位关系，电流超前电压为容性，电流滞后电压为感性。

③ 电路中接入功率因数表或数字式相位仪，从表上直接读出被测阻抗值或 $\cos\varphi$ 值或阻抗角，若电流超前电压为容性，电流滞后电压为感性。

2. 三电流表法

在实验中通过测量电路的三个电流值可获得元件的等效参数的方法称为三电流表法。实验电路如图 3-20 所示。以电压为参考正弦量，作向量图，如图 3-21 所示。

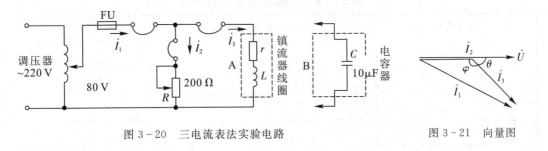

图 3-20　三电流表法实验电路　　　　　图 3-21　向量图

根据余弦定理，有

$$I_1^2 = I_2^2 + I_3^2 - 2I_2 I_3 \cos\varphi$$
$$= I_2^2 + I_3^2 - 2I_2 I_3 \cos(180° - \theta)$$
$$= I_2^2 + I_3^2 + 2I_2 I_3 \cos\theta$$

则

$$\cos\theta = \frac{I_1^2 - I_2^2 - I_3^2}{2I_2 I_3}$$
$$\theta = \arccos\left(\frac{I_1^2 - I_2^2 - I_3^2}{2I_2 I_3}\right)$$

未知阻抗为

$$|Z_A| = \frac{U_A}{I_3}, \quad X = |Z| \sin\theta$$

也可用三电压表法测量未知阻抗。

四、实验内容及步骤

1. 三表法测未知参数

(1) 按图 3-22 接线，电路中取 $R=200\ \Omega$（R 为 300 Ω/1 A 的滑线变阻器），感性元件 A 为日光灯镇流器线圈，容性元件 B 为电容电感板上的电容，选取 $C=10\ \mu F$。调节调压器使 $I=0.3$ A，分别用三表法测量感性元件 A 和容性元件 B 的交流电压 U 和功率 P，将结果记录于表 3-14 中，并根据表中的要求计算相应的参数。

(2) 分别测量感性元件 A 和容性元件 B 串联和并联时的等效阻抗，并用实验的方法判断阻抗的性质。测量数据并记于表 3-14 中。

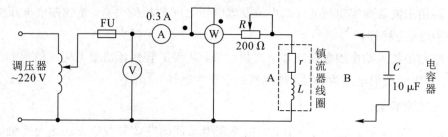

图 3-22　三电表测量阻抗参数

表 3-14　三表法测量电路参数

	被测元件	感性元件 A	容性元件 B
测量值	U/V		
	I/A	0.3 A	0.3 A
	P/W		
	U_A		/
	U_B	/	
	U_R		
计算值	$\cos\varphi$		
	$|Z|/\Omega$		
	X/Ω		
	r/Ω		/
	L/H		/
	$C/\mu F$	/	

2. 三电流表法测未知参数

按图 3-20 连接电路，给定正弦交流电压的有效值 $U=80$ V，$R=200$ Ω，测量电流 I_1、I_2、I_3 的有效值，计算在工频下的元件参数 r、L 的数值，并将所测数据记录于表 3-15 中。

表 3-15　三电流表测量电路参数

	计算值		测量值				
感性元件 A	r/Ω	L/H	I_1/A	I_2/A	I_3/A	U_R/V	U_L/V
容性元件 B	r/Ω	$C/\mu F$	I_1/A	I_2/A	I_3/A	U_R/V	U_C/V

五、注意事项

(1) 在操作时注意安全，接线前，先确认实验台左侧的调压器手柄逆时针转到头，即将调压器置于"0"位。

(2) 当在实验过程中需要改接线时，都应将调压器旋柄调到"0"位，并按红色按钮切断电源。

(3) 电路连接完毕，自检无误后，请指导教师检查线路，才能合闸通电做实验。

(4) 合理选择测试仪表的量程。

(5) 禁止触碰任何裸露接线端。

(6) 站着做实验。

(7) 使用调压器时要做到：

① 接通电源前，将调压器处于"0"位。

② 使用调压器时，每次都应该从"0"开始逐渐增加，直到所需的电压值。

③ 使用完毕后，应随手将调压器手柄调回到"0"位，然后断开实验台的电源。

六、实验设备及仪器

(1) QSDC1 - 004 控制台：一块；

(2) EEL - 52E 元件箱(四)：一个；

(3) 滑线变阻器 300 Ω/1 A：一台；

(4) DT9205 型数字万用表：一块；

(5) D26 型交流电流表：一块；

(6) D26 型功率表：一块；

(7) 交流调压器(实验台配置)：一台；

(8) 导线若干。

七、实验报告要求

整理实验数据，完成表 3 - 14 和表 3 - 15 中要求的各项计算。

实验八　交流电路中的互感

一、实验目的

(1) 加深对互感现象的认识，熟悉互感元件的基本特性。

(2) 掌握测定互感线圈的同名端、互感系数和耦合系数的方法。

(3) 研究空心变压器的次级回路对初级回路的影响。

二、原理与说明

1. 互感线圈的同名端

图 3 - 23(a)所示为两个有磁耦合的线圈(互感线圈)。设电流 i_1 从 1 号线圈的 a 端流入，电流 i_2 从 2 号线圈的 c 端流入，由 i_1 产生而交链于 2 号线圈的互感磁通链为 ψ_{21}，i_2 产生的自感磁通链为 ψ_{22}，当 ψ_{21} 与 ψ_{22} 方向一致时，互感系数(互感) M_{21} 为正，则称 1 号线圈的端钮 a 和 2 号线圈的端钮 c(或 b 和 d)为同名端(对应端)，若 ψ_{21} 和 ψ_{22} 方向不一致，如图 3 - 23(b) 所示，则端钮 a、c 称为异名端(即 a、d 或 b、c 为同名端)。同名端常用符号"·"或"＊"表示。同名端决定于两个线圈各自的实际绕向以及它们之间的相对位置。

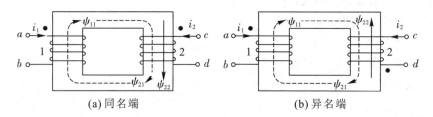

(a) 同名端　　　　　　　　　　(b) 异名端

图 3 - 23　互感线圈

2. 判别互感线圈同名端的方法

判别互感线圈的同名端在理论分析和工程实际中都具有很重要的意义。例如，变压器、电动机的各相绕组、LC 振荡电路中的振荡线圈等都要根据同名端的极性进行连接。在实际中，对于具有耦合关系的线圈，若其绕向和相互位置无法判别，可以根据同名端的定义，用实验方法加以确定。下面介绍几种常用的判别方法。

1) 直流通断法

直流通断法如图 3 - 24 所示。把线圈 1 通过开关 S 接到直流电源，把一个直流电压表或直流电流表接到线圈 2 的两端。在开关 S 闭合瞬间，线圈 2 的两端将产生一个互感电动势，直流电压表的指针就会偏转。若指针正向摆动，则与直流电源正极相连的线圈 1 的端钮 a 和与直流电压表正极相连的线圈 2 的端钮 c 为同名端；若指针反向摆动，则 a、c 为异名端。

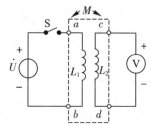

图 3 - 24　直流通断法

2）等效电感法

设互感线圈的自感分别为 L_1 和 L_2，它们之间的互感为 M。

若将两个线圈的非同名端相连，如图 3-25(a)所示，则称为正（以 Z 来表示）向串联，其等效电感为

$$L_正 = L_1 + L_2 + 2M$$

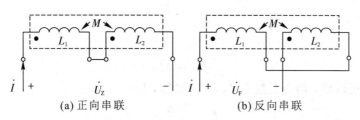

(a) 正向串联　　　　　　　　(b) 反向串联

图 3-25　等效电感法

若将两个线圈的同名端相连，如图 3-25(b)所示，则称为反（以 F 来表示）向串联，其等效电感为

$$L_反 = L_1 + L_2 - 2M$$

显然，等效电抗 $X_正 > X_反$。

利用这种关系，在两个线圈串联方式不同时，加上相同的正弦电压，则正向串联时电流小，反向串联时电流大。利用同样的关系，若流过相同的电流，则正向串联时端口电压高，反向串联时端口电压低。由此，可判断出互感线圈的同名端。

3）直接测量法

在用交流电桥直接测量不同串接方式时，两线圈的等效电感可以判断其同名端。

3. 互感 M 的测量方法

1）等效电感法

用三表法或交流电桥测出互感线圈正向串联和反向串联时的等效电感，则互感为

$$M = \frac{L_正 - L_反}{4}$$

以上这种方法测得的互感一般来说准确度不高，特别是当 $L_正$ 和 $L_反$ 的数值比较接近时，误差更大。

2）互感电动势法

在图 3-26(a)所示电路中，若电压表内阻足够大，则有

$$\dot{U}_2 = \omega M_{21} \dot{I}_1$$

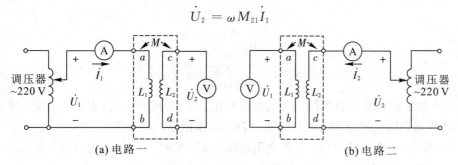

(a) 电路一　　　　　　　　　　　　(b) 电路二

图 3-26　互感电动势法

即互感为

$$M_{21} \approx \frac{\dot{U}_2}{\omega \dot{I}_1}$$

同样，在图 3 - 26(b)所示电路中，有

$$M_{12} \approx \frac{\dot{U}_1}{\omega \dot{I}_2}$$

可以证明

$$M_{12} = M_{21}$$

互感 M 测得以后，耦合系数 k 可由下式计算，即

$$k = \frac{M}{\sqrt{L_1 L_2}}$$

两线圈的耦合系数 k 的大小与线圈的结构、两线圈的相互位置以及周围磁介质有关。

4. 负载阻抗 Z_L 对初级回路的影响

空心变压器次级回路的负载阻抗 Z_L 对初级回路的影响，可以借助于反射阻抗 Z_{1r}（又称为反映阻抗或折合阻抗）来联系，如图 3 - 27 所示。

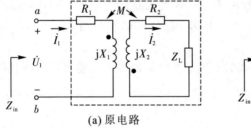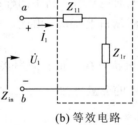

(a) 原电路　　　　　　　　　(b) 等效电路

图 3 - 27　空心变压器等效电路

从图 3 - 27(b)可以看出

$$Z_{in} = \frac{\dot{U}_1}{\dot{I}_1} = Z_{11} + Z_{1r}$$
$$= (R_1 + jX_1) + (R_{1r} + jX_{1r})$$
$$= (R_1 + R_{1r}) + j(X_1 + X_{1r})$$

这里

$$R_{1r} = \frac{X_M^2}{R_{22}^2 + X_{22}^2} \cdot R_{22}$$

$$X_{1r} = -\frac{X_M^2}{R_{22}^2 + X_{22}^2} \cdot X_{22}$$

式中，Z_{in} 为初级回路的等效阻抗；R_{1r} 为反射电阻；X_{1r} 为反射电抗；R_{22} 为次级回路电阻之和，X_{22} 为次级回路电抗之和。对于图 3 - 27(a)所示电路，$R_{22} = R_2 + R_L$，$X_{22} = X_2 + X_L$。

从 R_{1r} 和 X_{1r} 的表达式可知，反射电阻始终为正，反射电抗与次级回路的等效电抗 X_{22} 互为异号，即当 X_{22} 为感性时，X_{1r} 为容性；当 X_{22} 为容性时，X_{1r} 为感性。

三、实验内容及步骤

1. 用直流通断法测同名端

按图 3-28 所示的实验电路接线，由直流稳压稳流电源提供直流电压 $U=1.5$ V，指针式万用表的量程选择 0.25 V 的直流电压挡，观察在开关 S 闭合的瞬间，指针式万用表的指针偏转方向，判断出互感线圈的同名端，并在电路图中做好标记。

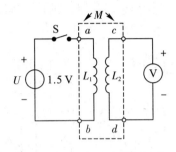

图 3-28　用直流通断法测同名端

2. 用等效电感法测量互感系数 M

按图 3-29(a) 所示的实验电路接线，其中，互感线圈按照已经判定出的同名端标记进行正向连接。调节调压器，使给定电流 $I_Z=0.4$ A，测量电压 U_Z 和功率 P_Z 的数值，将测量结果记录在表 3-16 中。

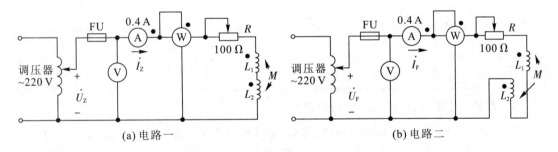

(a) 电路一　　　　　　　　　　　　　　　　(b) 电路二

图 3-29　等效电感法实验电路图

按图 3-29(b) 所示的实验电路接线，其中，互感线圈按照已经判定出的同名端标记进行反向连接。调节调压器，使给定电流 $I_F=0.4$ A，测量电压 U_F 和功率 P_F 的数值，将测量结果记录在表 3-16 中。

表 3-16　等效电感法测量

给定值	测 量 值		计 算 值	
I_Z/A	U_Z/V	P_Z/W	X_Z/Ω	L_Z/H
0.4				
I_F/A	U_F/V	P_F/W	X_F/Ω	L_F/H
0.4				

将互感线圈正向连接时的电压 U_Z 和反向连接时的电压 U_F 进行比较，可判定出互感线圈的同名端，同时对用直流通断法判定出的同名端进行验证。

3. 用互感电动势法测定互感系数 M

（1）按图 3-30(a)所示的实验电路接线，调节调压器，使给定电流 $I_1 = 0.4\,A$，测量出从互感器原边提供电流时，所产生的电压 U_1、U_2 的值，将测量结果记录在表 3-17 中。

（2）按图 3-30(b)所示的实验电路接线，调节调压器，使给定电流 $I_2 = 0.4\,A$，测量出从互感器副边提供电流时，所产生的电压 U_1、U_2 的值，将测量结果记录在表 3-17 中。

（3）根据测量结果证明：$M_{12} = M_{21}$。

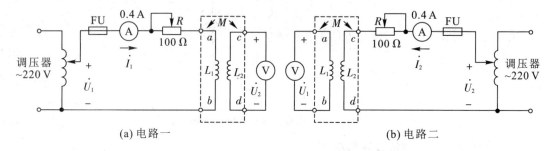

(a) 电路一   (b) 电路二

图 3-30 互感电动势法实验电路图

表 3-17 互感电动势法测量

给 定 值 \\ 测 量 值		U_1/V	U_2/V
I_1/A	0.4		
I_2/A	0.4		

4. 关于负载阻抗 Z_L 对初级回路的影响

根据空心变压器次级回路的负载阻抗 Z_L 对初级回路的影响，求输入阻抗 Z_{in}。将空心变压器实验板中的线圈 L_1 作为初级，线圈 L_2 作为次级。按图 3-31 所示的实验电路接线，调节调压器，在下列情况下，使给定电流 $I = 0.4\,A$：

（1）次级回路开路（$Z_L = \infty$）。

（2）次级回路短路（$Z_L = 0$）。

（3）次级接入镇流器线圈（$Z_L = r + jX_L$）。

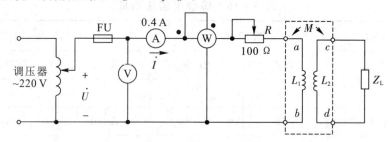

图 3-31 负载阻抗对初次回路的影响

分别测量出初级回路中的电压 U、功率 P 的值,将测量结果记录在表 3-18 中。

表 3-18 负载阻抗对初级回路的影响数据表

给定值		测量值		计算值
Z_L/Ω	I/A	U/V	P/W	Z_{in}/Ω
∞				
0				
$r+jX_L$				

四、注意事项

(1) 在做实验时,要注意以下两点:

① 互感器的原边必须接入开关 S,严禁用直流稳压稳流电源的开关替代电路中的开关 S。

② 指针式万用表的表笔的极性和实验电路中标出的极性必须一致。

(2) 根据实验内容确定使用的电源类型(直流、交流),使用方法要正确。

五、预习与思考

(1) 复习互感电路的相关理论知识。

(2) 用直流通断法测定互感线圈同名端时,在开关 S 闭合的瞬间,如何判定互感线圈的同名端?

六、实验报告要求

(1) 写清实验目的、原理、电路图和步骤。

(2) 完成表 3-16 和表 3-18 中要求的计算,写出计算步骤。

(3) 在做实验时,若开关 S 是闭合的,在开关 S 打开的瞬间,如何根据指针式万用表指针的偏转方向,判定互感线圈的同名端?

七、实验设备

(1) DF731SB/SC 可调直流稳压稳流电源(三路):一台;

(2) DT9205 型数字万用表:一块;

(3) 指针式万用表:一块;

(4) D26 型交流电流表:一块;

(5) D26 型功率表:一块;

(6) 调压器(实验台配置):一台;

(7) RX7-14 型滑线变阻器:一个;

(8) 空心变压器实验板:一块;

(9) 日光灯控制器实验板:一块;

(10) 导线若干。

实验九　三相电路电压与电流的测量

一、实验目的

（1）研究三相负载进行星形连接时，在对称和不对称情况下线电压与相电压的关系。

（2）研究三相负载进行三角形连接时，在对称和不对称情况下线电流与相电流的关系。

（3）观察不对称负载进行星形连接时的中点位移现象，了解中线在三相交流电路的作用。

二、实验预习及要求

（1）复习三相电路的有关理论知识。

（2）仔细思考实验内容中规定的注意事项。

三、原理与说明

1. 三相电源

电力系统的供电方式多为三相制，三相电源电压由三相交流发电机产生，若三相电源电压的幅值相同，频率相同，相位一次相差120°，则该三相电压成为对称的三相电源电压。

在低压供电系统中三相电源通常连接成星形，采用三相三线制或三相四线制供电方式，本实验中实验控制屏上的 U、V、W 表示三相电源的引出线，引出的线也称为相线；N 表示三相电源的中点，由此引出的线称为中线。电源的相线和中线之间的电压称为电源的相电压，两根相线之间的电压称为电源的线电压。对称的三相电源电压中线电压是相电压的 $\sqrt{3}$ 倍。

2. 三相负载

三相负载的连接方式有星形连接和三角形连接两种，分别如图 3-32 和图 3-33 所示。

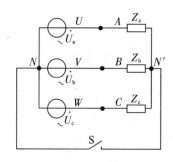

图 3-32　三相负载星形连接

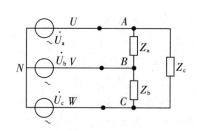

图 3-33　三相负载三角形连接

1）负载星形连接

在对称三相电源作用下，三相负载连接成星形，如图 3 - 32 所示。若没有中线负载对称，则存在 $\dot{U}_{NN'}=0$，如果负载不对称，由于电源中点和负载中点之间的电位差存在，则 $\dot{U}_{NN'}\neq 0$，使得负载的相电压不再对称。造成某相负载电压过高，而使该相过载而损坏；或者某相负载电压过低，而使得该相不能正常工作。

若有中线，由于电源的中点和负载的中点等电位，$\dot{U}_{NN'}=0$，此时无论负载对称与否，每相负载上的电压等于响应电源的相电压且对称，负载端的线电压是相电压的 $\sqrt{3}$ 倍，也是对称的，若负载对称，则三相负载的相电流也对称，此时中线电流为零，若负载不对称，中线电流为三个线电流之和。

2）负载三角形连接

三相负载连接成三角形，如图 3 - 33 所示。由于负载的相电压等于响应电源的线电压，所以当三相电源对称时，无论负载对称与否，负载的相电压总是对称的，等于响应电源的线电压。当三相负载对称时，则各负载的相电流也是对称，同样线电流也对称，并且线电流为相电流的 $\sqrt{3}$ 倍。当负载不对称时，则各相之间的相电流不相等，线电流和相电流之间也不存在 $\sqrt{3}$ 倍的关系。

3. 三相电路的相序

三相电源有正序、逆序（负序）和零序三种相序。在通常情况下，三相电路是正序系统，即相序为 A—B—C 的顺序。在发电、供电系统以及用电部门，相序的确定是非常重要的。一般可用专用的相序仪测定，也可以简单地把一个电容和两个相同瓦数的灯泡连接成不对称星形负载，接至被测的三相端线上（如图 3 - 34 所示）。由于负载不对称，负载中性点 N' 发生位移，各相电压也就不再相等。若设电容所在相为 A 相，则灯泡比较亮的相为 B 相，灯泡比较暗的相为 C 相，这样就可以方便地确定三相的相序。

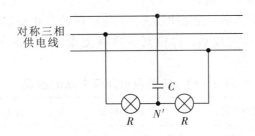

图 3 - 34 相序测定电路

四、实验内容及步骤

1. 三相负载星形连接

（1）先将灯泡负载连接成星形，组成星形负载；按图 3 - 35 所示实验电路接线，调节调压器的输出电压，使三相对称电源的线电压为 220 V。

（2）按表 3 - 19 所要求的负载情况进行测量，并将测量结果记录在表 3 - 19 中。

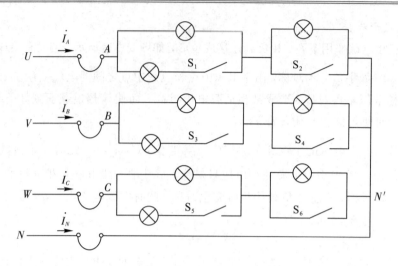

图 3 - 35　三相负载星形连接测量电路

负载情况说明：

（1）负载对称：每块灯泡负载代表三相负载中的一相，三块灯泡负载分别代表 A、B、C 三相负载，当负载对称时，S_1、S_3、S_5 状态相同并且 S_2、S_4、S_6 状态相同。选择 S_1、S_3、S_5 闭合，S_2、S_4、S_6 断开。

（2）负载不对称有以下几种情况：

① A、B、C 各相亮的灯数不同，例如，A 相亮 1 盏，B 相亮 2 盏，C 相亮 3 盏，即 S_1 断开，S_2 闭合，S_3 断开，S_4 断开，S_5 闭合，S_6 断开。（实际各灯亮灭程度根据实际观察。）

② A 相开路：将 A 相的供电线断开。

③ C 相短路：用一根导线将 C 相负载短路。此时，C 相的 3 盏灯全不亮。

注意事项：

（1）在 A 相开路实验完成后，一定将 S_1、S_3、S_5 闭合，S_2、S_4、S_6 断开，以恢复对称状态，为下一步做 C 相短路实验做好准备。

（2）在做 C 相短路实验前，先将中线去掉，然后再做 C 相短路。

（3）在 C 相短路实验完成后，自检测量数据无误后，立即调压器回 0 位，拔掉短路线。

表 3 - 19　负载星形连接电路的测量

测量数据	负载对称		负载不对称		A 相开路		C 相短路
	有中线	无中线	有中线	无中线	有中线	无中线	无中线
U_{AB}/V							
U_{BC}/V							
U_{CA}/V							
$U_{AN'}/V$							
$U_{BN'}/V$							

测量数据	负载对称		负载不对称		A 相开路		C 相短路
	有中线	无中线	有中线	无中线	有中线	无中线	无中线
$U_{CN'}/V$							
$U_{NN'}/V$							
I_A/A							
I_B/A							
I_C/A							
$I_{NN'}/A$							

2. 三相负载三角形连接

按图 3-36 所示连接电路接线，将灯泡连接成三角形，调节调压器的输出电压，使三相对称电源的线电压为 127 V，在负载对称和不对称两种情况下分别测量其线电压和线（相）电流，将所得数据填入表 3-20 中。

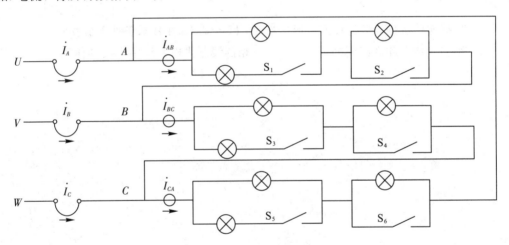

图 3-36　三相负载三角形连接测量电路

表 3-20　负载三角形连接电路的测量

负载情况	线电压/V			线电流/A			相电流/A		
	U_{AB}	U_{BC}	U_{CA}	I_A	I_B	I_C	I_{AB}	I_{BC}	I_{CA}
对称									
不对称									

五、注意事项

（1）正确使用调压器。

（2）本实验是强电实验。在实验线路连接完毕后，同学自查一遍，然后经指导教师检查，方可合闸通电源，必须严格遵守先接线、后通电，先断电、后拔线的实验操作原则。

（3）在用星形负载做短路实验时，必须首先断开中线，以免发生短路事故。

（4）在测量、记录各电压、电流时，注意分清它们是哪一相、哪一线，防止测错、记错，在测量中线电压 $\dot{U}_{NN'}$ 时，注意万用表表笔放置的位置。

（5）合理选择仪表的量程。

六、实验设备

（1）D26 型交流电流表：一块；

（2）DT9205 型数字万用表：一块；

（3）调压器（实验台配置）：一台；

（4）三相交流电路实验箱：一个；

（5）电流测试插孔板及测试线：一套；

（6）导线若干。

七、实验报告要求

（1）根据实验数据，当负载为星形连接时，$U_L = \sqrt{3}\,U_P$ 在什么条件下成立？

（2）用实验数据和观察到的现象，总结三相四线制供电系统中中线的作用。

实验十　　串联谐振电路

一、实验目的

(1) 通过实验观察电路的串联谐振现象，加深对串联谐振电路特性的理解。

(2) 通过实验学习测定电路的谐振频率 f_0 和品质因数 Q，并了解其意义。

(3) 掌握函数发生器的使用。

二、实验预习及要求

(1) 复习串联谐振电路的有关理论知识。

(2) 认真阅读函数发生器的使用说明。

(3) 写好预习报告，计算出理论谐振频率。

三、原理与说明

RLC 串联谐振电路(如图 3-37 所示)的阻抗是电源角频率

ω 的函数，即 $Z = R + \mathrm{j}\left(\omega L - \dfrac{1}{\omega C}\right) = |Z| \angle \varphi$。当 $\omega L - \dfrac{1}{\omega C} = 0$ 时，

电路处于串联谐振状态，谐振角频率为 $\omega_0 = \dfrac{1}{\sqrt{LC}}$。显然，谐振

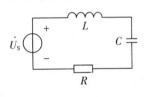

图 3-37　RLC 串联谐振电路

频率 $f_0 = \dfrac{1}{2\pi\sqrt{LC}}$ 仅与元件 L、C 的数值有关，而与电阻 R 和激

励电源的角频率 ω 无关。当 $\omega < \omega_0$ 时，电路呈容性，阻抗角 $\phi < 0$；当 $\omega > \omega_0$ 时电路呈感性，阻抗角 $\phi > 0$。

1. 电路处于谐振状态的特性

(1) 由于回路总电抗 $X_0 = \omega_0 L - \dfrac{1}{\omega_0 C} = 0$，因此，回路阻抗 $|Z_0|$ 为最小值。整个回路相当于一个电阻，电源的电压与回路电流同相位。

(2) 由于感抗 $\omega_0 L$ 和容抗 $1/\omega_0 C$ 相等，所以电感上的电压 U_L 与电容上的电压 U_C 大小相等，相位相差 $180°$。谐振的感抗(或容抗)与电阻 R 之比称为品质因数 Q，即

$$Q = \frac{\omega_0 L}{R} = \frac{\dfrac{1}{\omega_0 C}}{R} = \frac{\sqrt{\dfrac{L}{C}}}{R}$$

在 L 和 C 为定值的条件下，Q 值仅仅决定于回路电阻 R 的大小。

(3) 在激励电压(有效值)不变的情况下，回路中的电流 $I = U_S/R$ 为最大值。

2. 串联谐振电路的频率特性

（1）回路的响应电流与激励电源的角频率的关系称为电流的幅频特性（表明其关系的图形为串联谐振曲线），表达式为

$$I(\omega) = \frac{U_\mathrm{s}}{\sqrt{R^2 + \left(\omega L - \dfrac{1}{\omega C}\right)^2}} = \frac{U_\mathrm{s}}{\sqrt{1 + Q^2 \left(\dfrac{\omega}{\omega_0} - \dfrac{\omega_0}{\omega}\right)^2}}$$

当电路的 L 和 C 保持不变时，改变 R 的大小，可以得出不同 Q 值时电流的幅频特性曲线（如图 3-38 所示）；显然，Q 值越高，曲线越尖锐。

为了反映一般情况，通常研究电流 I/I_0 与角频率之比 ω/ω_0 之间的函数关系，有

$$\frac{I}{I_0} = \frac{1}{\sqrt{1 + Q^2 \left(\dfrac{\omega}{\omega_0} - \dfrac{\omega_0}{\omega}\right)^2}}$$

式中，I_0 为谐振时的回路响应电流。

对于 Q 值相同的任何 RLC 串联电路只有一条曲线与之对应，所以，这种曲线称为串联谐振电路的通用曲线。

图 3-38 画出了不同 Q 值下的串联谐振电路的通用曲线。显然，Q 值越高，在一定的频率偏移下，电流比下降得越厉害。

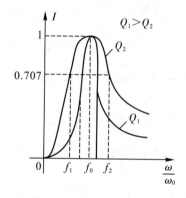

图 3-38　通用谐振曲线

串联谐振电路的通用曲线可以由计算得出，也可以用实验的方法测定。

为了衡量谐振电路对不同频率的选择能力，定义通用幅频特性曲线中幅值下降至峰-峰值的 0.707 倍时的频率范围（如图 3-38 所示）为相对通频带（以 B 表示），即

$$B = \frac{\omega_2}{\omega_0} - \frac{\omega_1}{\omega_0}$$

显然，Q 值越高，相对通频带越窄，电路的选频特性越好。

（2）激励电压和回路响应电流的相角差 ϕ 与激励源角频率 ω 的关系称为相频特性，它可由公式 $\phi(\omega) = \arctan \dfrac{\omega L - \dfrac{1}{\omega C}}{R}$ 计算得出或由实验测定。相角 ϕ 与 ω/ω_0 的关系称为通用相频特性。

（3）在串联谐振电路中，电感电压频率特性为

$$U_L = I\omega L = \frac{\omega L U_S}{\sqrt{R^2 + \left(\omega L - \dfrac{1}{\omega C}\right)^2}}$$

电容电压的频率特性为

$$U_C = I\frac{1}{\omega C} = \frac{U_S}{\omega C \sqrt{R^2 + \left(\omega L - \dfrac{1}{\omega C}\right)^2}}$$

$$U_{Cmax} = U_{Lmax} = \frac{2U_S}{\dfrac{1}{Q}\sqrt{4 - \dfrac{1}{Q^2}}}$$

U_C 的峰值出现在 $\omega < \omega_0$ 处，其中

$$\omega C = \sqrt{\frac{2 - \dfrac{1}{Q^2}}{2}}$$

U_L 的峰值出现在 $\omega > \omega_0$ 处，其中

$$\omega L = \sqrt{\frac{2}{2 - \dfrac{1}{Q^2}}}$$

Q 值越大，出现峰值点离 ω_0 越近。

四、实验内容及步骤

1. 测量 $R = 60~\Omega$ 时电路的谐振频率 f_0

（1）本实验电路所用的电容、电感元件选自电容电感板，R 使用多值电阻器，连接实验电路，如图 3 - 39 所示。

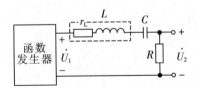

图 3 - 39　串联谐振实验电路

电路中取 $L = 200~mH$、$C = 0.1~uF$，$R = 60~\Omega$，r_L 为电感线圈的电阻。

（2）调节函数信号发生器，使之输出正弦波，并使 $U_1 = 9~V(U_{PP})$，接入电路；再调节函数信号发生器的输出信号频率，观测输出电压 U_2 的变化，找到使 U_2 达到最大值的频率，此频率就是使电路达到谐振的谐振频率，将此频率和测量的 U_2 和 U_C 的值，填入表 3 - 21 的中间部分，然后在谐振频率之下和谐振频率之上分别选 4 至 5 个测量点，将测量的频率值和电压值再填入表 3 - 21 中。U_1、U_2 均应用交流毫伏表测量出。

2. 测量 $R = 160~\Omega$ 时电路的谐振频率 f_0

将图 3 - 39 中的电阻 $R = 60~\Omega$ 改为 $R = 160~\Omega$，重复上述实验，并把所测量数据填入表 3 - 21 中，与 $R = 60~\Omega$ 时的数据进行比较。

表 3 - 21　串联谐振实验数据表

频率/kHz							
U_2/V	$R=60\ \Omega$						
	$R=160\ \Omega$						
U_C/V	$R=60\ \Omega$						
	$R=160\ \Omega$						
U_L/V	$R=60\ \Omega$						
	$R=160\ \Omega$						

五、注意事项

（1）在每次调节频率后，都要保持函数发生器的输出电压的峰-峰值为 9 V。

（2）在改变参数后，应先试调频率找到谐振点，并观察 U_L、U_C 的幅值变化情况是否正常，再开始测量。

（3）在计算串联谐振电路的总电阻时，应考虑电感线圈内阻。

（4）在测量时，函数发生器和双通道交流毫伏表的地线必须共接在一起。

六、实验设备

（1）YB1639 型函数发生器：一台；

（2）AS2294D 型双通道交流毫伏表：一台；

（3）DT9205 型数字万用表：一块；

（4）EEL－52 元件箱（二）：一个；

（5）EEL－52E 元件箱（四）：一个；

（6）EEL－51 元件箱（一）：一个；

（7）导线若干。

七、实验报告

（1）根据表 3－21 中的数据绘制 RLC 串联电路的谐振曲线。

（2）计算实验电路的相对通频带 B、谐振频率 ω_0 和品质因数 Q，并与实际测量值比较，分析产生误差的原因。

（3）回答下列问题：

① 实验中怎样判断电路已经处于谐振状态？

② 通过实验获得的谐振曲线分析电路参数对它的影响。

③ 怎样利用测得的数据求得电路的品质因数 Q？

实验十一　　RC 一阶电路的响应测试

一、实验目的

（1）研究 RC 一阶电路的零输入响应、零状态响应和全响应的规律和特点。

（2）学习一阶电路时间常数的测量方法，了解电路参数对时间常数的影响。

（3）掌握微分电路和积分电路的基本概念。

二、实验预习及要求

（1）用示波器观察 RC 一阶电路零输入响应和零状态响应时，为什么激励必须是方波信号？

（2）在 RC 一阶电路中，当 R、C 的大小变化时，对电路的响应有何影响？

（3）什么是积分电路和微分电路，它们必须具备什么条件？它们在方波激励下，其输出信号波形的变化规律如何？这两种电路有何功能？

（4）认真阅读示波器的使用说明。

三、原理与说明

1. RC 一阶电路的零状态响应

RC 一阶电路如图 3-40 所示。开关 S 在"1"的位置，$u_C = 0$，处于零状态，当开关 S 合向"2"的位置时，电源通过 R 向电容 C 充电，$u_C(t)$ 称为零状态响应，即

$$u_C = U_s - U_s e^{-\frac{t}{\tau}}$$

变化曲线如图 3-41 所示。当 u_C 上升到 $0.632U_s$ 所需要的时间称为时间常数 τ，$\tau = RC$。

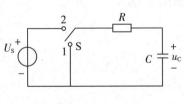

图 3-40　RC 电路

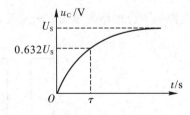

图 3-41　u_C 变化曲线

2. RC 一阶电路的零输入响应

在图 3-40 中，开关 S 在"2"的位置电路稳定后，当再合向"1"的位置时，电容 C 通过 R 放电，$u_C(t)$ 称为零输入响应，即

$$u_C = U_s e^{-\frac{t}{\tau}}$$

变化曲线如图 3-42 所示，当 u_C 下降到 $0.368U_s$ 所需要的时间称为时间常数 τ，$\tau = RC$。

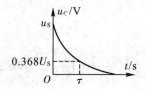

图 3-42　u_C 变化曲线

3. 测量 RC 一阶电路时间常数 τ

图 3-40 电路的上述暂态过程很难观察，为了用普通示波器观察电路的暂态过程，需采用如图 3-43 所示的周期性方波 u_S 作为电路的激励信号，方波信号的周期为 T，只要满足 $\dfrac{T}{2} \geqslant 5\tau$，便可在示波器的荧光屏上形成稳定的响应波形。

电阻 R、电容 C 串联与方波发生器的输出端连接，用双踪示波器观察电容电压 u_C，便可观察到稳定的指数曲线，如图 3-44 所示。在荧光屏上测得电容电压最大值 $U_{Cmax} = a$，取 $b = 0.632a$，与指数曲线交点对应时间 t 轴的 x 点，则根据时间 t 轴比例尺，用 cm 表示（即屏幕中每一刻度代表的时间量），该电路的时间常数 $\tau = x \times$ cm。

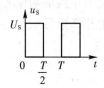

图 3-43　信号源 U_S

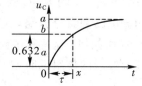

图 3-44　示波器观测

4. 微分电路和积分电路

在方波信号 u_S 作用在电阻 R、电容 C 串联电路中，当满足电路时间常数 τ 远远小于方波周期 T 的条件时，电阻两端（输出）的电压 u_R 与方波输入信号 u_S 呈微分关系，$u_R \approx RC \dfrac{du_S}{dt}$，该电路称为微分电路。当满足电路时间常数 τ 远远大于方波周期 T 的条件时，电容 C 两端（输出）的电压 u_C 与方波输入信号 u_S 呈积分关系，$u_C \approx \dfrac{1}{RC} \int u_S dt$，该电路称为积分电路。

微分电路和积分电路的输出、输入关系分别如图 3-45(a)、(b) 所示。

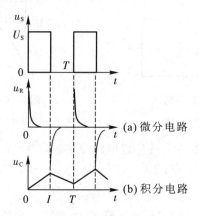

图 3-45　微分、积分电路响应波形

四、实验内容及步骤

按照如图 3 - 46 所示的实验电路连线。$u_S(t)$ 为方波信号源，用函数信号发生器调出输出频率为 $f=1.25$ kHz，即（脉宽 $T_1=400$ μs，周期为 $T=800$ μs），高电平为 3 V，低电平为 0 V 的方波信号，根据不同的 RC 的数值，用示波器观察、读取、记录波形和 τ 的值，并描绘出 $u_C(t)$ 的波形。改变 R 或 C 的数值，观察 $u_C(t)$ 的波形如何变化，并记录。

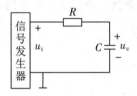

图 3 - 46　实验电路

1. RC 一阶电路的过渡过程

（1）测量时间常数 τ：令 $R=430$ Ω，$C=0.1$ μF，用示波器观察激励 u_S 与响应 u_C 的变化规律，测量并记录时间常数 τ。

（2）观察时间常数 τ（即电路参数 R、C）对暂态过程的影响：令 $R=5$ kΩ，$C=0.1$ μF，观察并描绘响应的波形，继续增大 C（取 $0.1\sim4.7$ μF）或增大 R（取 5 kΩ、9 kΩ），定性地观察对响应的影响。

2. 微分电路和积分电路

（1）积分电路：令 $R=10$ kΩ，$C=0.1$ μF，用示波器观察激励 u_S 与响应 u_C 的变化规律。

（2）微分电路：将实验电路中的 R、C 元件位置互换，令 $R=100$ Ω，$C=0.1$ μF，用示波器观察激励 u_S 与响应 u_R 的变化规律。

五、实验注意事项

（1）在调节电子仪器各旋钮时，动作不要过大。实验前，需熟读示波器的使用说明，特别是在观察双踪示波器时，要特别注意开关、旋钮的操作与调节，以及示波器探头的地线不允许同时接不同的电势。

（2）信号源的接地端与示波器的接地端要连在一起（称为共地），以防外界干扰而影响测量的准确性。

（3）示波器的 CH1、CH2 耦合方式选择为直流耦合方式。

六、实验设备

（1）YB4249 型双踪示波器：一台；

（2）YB1639 型函数信号发生器：一台；

（3）DT9205 型数字万用表：一块；

（4）EEL - 51 元件箱（一）：一个；

（5）EEL - 53F 元件箱（三）：一个；

（6）导线若干。

七、实验报告要求

（1）在标准坐标纸上，按比例画出不同情况下观察的波形。

（2）写出输入方波的幅值、宽度和频率。

（3）能否利用 RC 的方波响应曲线，测出 RC 电路的时间常数 τ？

实验十二 二阶电路的响应

一、实验目的

(1) 初步掌握设计性实验的设计思想和方法，能够正确自行设计的实验电路，选择实验设备。

(2) 通过实验加深对二阶动态电路的理解。

(3) 进一步巩固用示波器观察电路的过渡过程。

(4) 了解电路参数对二阶电路暂态过程的影响。

二、实验预习及要求

(1) 根据实验室条件，自行确定实验方案。

(2) 根据方案，设计具体的实验电路。

(3) 确定实验的方波信号的周期 T 的大小。

(4) 实验分为 $R < 2\sqrt{\dfrac{L}{C}}$、$R = 2\sqrt{\dfrac{L}{C}}$、$R > 2\sqrt{\dfrac{L}{C}}$ 三种情况进行测量 $u_C(t)$、$i(t)$ 的波形。

(5) 预习有关电路理论知识，写出实验方案和实验步骤，设计实验电路，并选择实验设备和器材。

三、原理与说明

RLC 串联电路所满足的方程为二阶微分方程，故称为二阶电路。该电路在方波激励作用下的过渡过程，根据元件参数的不同，可以分为非振荡、临界振荡和衰减振荡这 3 种情况。当 $R > 2\sqrt{\dfrac{L}{C}}$ 时电路的过渡过程是非振荡的；当 $R = 2\sqrt{\dfrac{L}{C}}$ 时，电路的过渡过程是临界非振荡状态，此时的电阻称为临界电阻；当 $R < 2\sqrt{\dfrac{L}{C}}$ 时，电路的过渡过程为衰减振荡过程，实验中改变电阻 R 的大小可以观察到电路响应所产生的非振荡、临界非振荡和衰减振荡过渡过程现象。

四、实验内容及步骤

(1) 信号发生器产生 5 V/1 kHz 的方波信号，按照图 3 - 47 所示接线，可参考电容 C 为 0.1 μF，电感为 100 mH，R 为 4.7 kΩ 的可调电阻，电路的输入 u_i 和输出 u_o 分别接至示波器的 CH1 和 CH2，调节 4.7 kΩ 电位器改变电阻的大小，注意观察输出波形的变化，记录下不同 R 时电路出现非振荡、临界非振荡和衰减振荡时的输出波形 u_o。

(2) 寻找临界非振荡时的电阻值，并与理论值相比较。

（3）记录当 $R=0$ 时的输出波形 u_o。

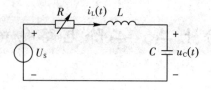

图 3-47　实验电路

五、实验注意事项

（1）在选取方波信号源的周期时，要与实验室提供的电阻、电容、电感相匹配。

（2）在设计电路的参数时，应尽量选取标准的电阻、电容和电感。

六、实验设备

（1）YB4249 型双踪示波器：一台；

（2）YB1639 型函数信号发生器：一台；

（3）DT9205 型数字万用表：一块；

（4）EEL-51 元件箱（一）：一个；

（5）EEL-53F 元件箱（三）：一个。

七、实验报告要求

（1）在标准坐标纸上，按比例画出不同情况下观察电压波形。

（2）在标准坐标纸上，画出不同情况下的状态轨迹。

（3）根据理论计算，画出 RLC 电路在方波信号的理论响应曲线，并与实际测量的响应曲线比较和讨论。

实验十三　三相电路功率的测量

一、实验目的

（1）学习用二瓦计法和三瓦计法测量三相电路的有功功率。

（2）了解测量对称三相电路无功功率的方法。

二、实验预习及要求

（1）复习三相电路功率及其测量方法的相关知识。

（2）如何用一瓦计法、二瓦计法和三瓦计法测量三相电路中负载为对称或不对称时的有功功率？

三、原理与说明

1. 单相功率表测量

根据电动系数单相功率表的基本原理，在测量交流电路中负载所消耗的功率时，其示值 P 决定于：$P = UI\cos\varphi$，其中，U 为功率表电压线圈所跨接的电压；I 为流过功率表电流线圈的电流；φ 为 $\dot{U}$ 和 $\dot{I}$ 之间的相位差角。其测量电路如图 3-48 所示。

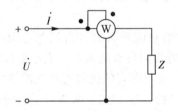

图 3-48　单相功率表测量电路

单相功率表也可以用来测量三相电路的功率，只是各功率表应采取适当的接法。

2. 三相四线制电路功率的测量

在三相四线制电路中，负载所消耗的总功率 P 需用三块功率表分别测出 A、B、C 各相负载的功率，然后相加，即 $P = P_A + P_B + P_C$，其中，P_A、P_B、P_C 分别为 A、B、C 相负载消耗的功率。这种测量方法称为三瓦计法，如图 3-49 所示。

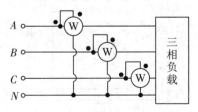

图 3-49　三相四线制功率的测量

若三相负载对称，则每相负载消耗功率相同，这时只需用一块功率表测量任一相的功率，将其示值乘以 3 即为三相电路的总功率。

3. 三相三线制电路功率的测量

在三相三线制电路中，通常用两块功率表测量三相功率，又称为二瓦计法。如图 3-50 所示，三相负载所消耗的总功率 P 为两块功率表示值的代数和，即

$$P = P_1 + P_2 = U_{AC}I_A\cos\varphi_1 + U_{BC}I_B\cos\varphi_2 = P_A + P_B + P_C$$

的示值。利用功率的瞬时值表达式，不难推出上述结论。

当负载对称时，两只功率表的读数分别为

$$P_1 = U_{AC}I_A\cos\varphi_1 = U_{AC}I_A\cos(30°-\varphi)$$
$$P_2 = U_{BC}I_B\cos\varphi_2 = U_{BC}I_B\cos(30°+\varphi)$$

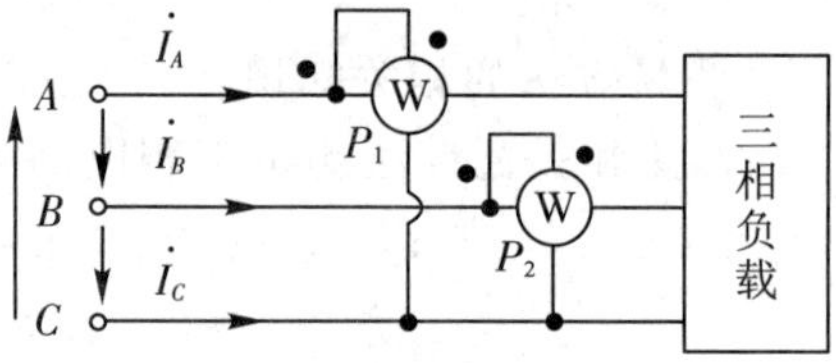

图 3-50　三相三线制功率测量电路

4. 用二瓦计法测量三相功率需注意的问题

（1）二瓦计法适用于对称或不对称的三相三线制电路。而对于三相四线制电路一般不适用。

（2）图 3-50 只是二瓦计法的一种接线方式。而一般接线原则为：

① 两块功率表的电流线圈分别串接入任意两条端线中，电流线圈的对应端必须接在电源侧。

② 两块功率表的电压线圈的对应端必须各自接到电流线圈的任一端，而两块功率表的电压线圈的非对应端必须同时接到没有接入功率表电流线圈的第三条线上。

（3）在对称三相电路中，两块功率表的读数与负载的功率因数之间有如下关系：

① 负载为纯电阻（即功率因数等于 1）时，两块功率表的读数相等。

② 当负载的功率因数大于 0.5 时，两块功率表的读数均为正。

③ 当负载的功率因数等于 0.5 时，其中一块功率表的读数为零。

④ 当负载的功率因数小于 0.5 时，其中一块功率表的指针会反向偏转。为了读数，应把该功率表的电流线圈（或电压线圈支路）的两个端钮接线互换，使指针正向偏转，但读数取负值。有的功率表上带有专门的换向开关，如图 3-51 所示。将开关由"＋"转至"－"的位置（即由"1"合向"2"），功率表内的电压线圈被反向连接，于是功率表的指针就会改变偏转方向。

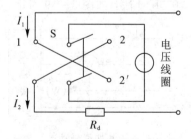

图 3-51　带换向开关的功率表

5. 对称三相电路无功功率的测量方法

对称三相电路无功功率的测量方法有以下两种：

（1）用二瓦计法测量对称三相电路的无功功率。在对称三相电路中，可以用二瓦计法测得的数值 P_1、P_2 来求出负载的无功功率 Q 和负载的功率因数角 φ，其表达式为

$$Q = \sqrt{3}\,(P_1 - P_2)$$

$$\varphi = \arctan\sqrt{3}\left(\frac{P_1 - P_2}{P_1 + P_2}\right)$$

（2）用一瓦计法测量对称三相电路的无功功率。在对称三相电路中，无功功率还可以用一块功率表来测量，如图 3-52 所示。这时三相负载所吸收的无功功率为

$$Q = \sqrt{3}\,P$$

式中，P 是功率表的读数。当负载为感性时，功率表正向偏转；当负载为容性时，功率表反向偏转（读数取负值）。

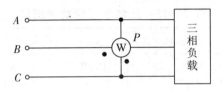

图 3-52　三相对称负载功率测量

四、实验内容及步骤

（1）用三瓦计法测量三相四线制负载对称和不对称时的有功功率 P_A、P_B、P_C。

① 先把三相灯泡负载联成星形，组成星形负载；按图 3-53 所示实验电路接线，调节调压器的输出电压，使三相对称电源的线电压为 220 V。

② 按表 3-22 所要求的负载情况进行测量，并将测量结果记录在表 3-22 中。

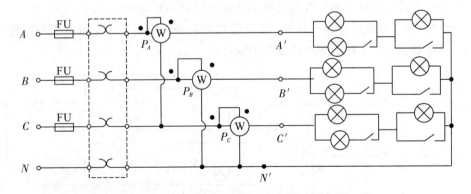

图 3-53　三瓦计法测量三相四线制负载功率实验电路

（2）用二瓦计法测量三相三线制负载对称和不对称时的有功功率 P_1、P_2。

① 先把三相灯泡负载连接成三角形，按图 3-54 所示的实验电路接线，调节调压器的输出电压，使三相对称电源的线电压为 127 V。

② 按表 3-22 所要求的负载情况进行测量，并将测量结果记录在表 3-22 中。

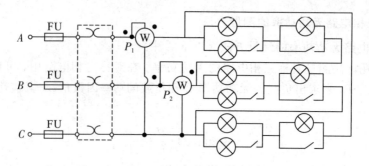

图 3-54 二瓦计法测量三相三线制负载功率

③ 用三瓦计法和二瓦计法所测出的不对称负载的有功功率，进行比较。

负载情况说明：

① 负载对称：每组灯泡负载代表三相负载中的一相，三相灯泡负载分别代表 A、B、C 三相负载，当负载对称时，A、B、C 三相的灯泡亮的数量和位置相同。

表 3-22　三角形连接功率测量

测量值 负载情况	三瓦计法			二瓦计法		一瓦计法
	P_A/W	P_B/W	P_C/W	P_1/W	P_2/W	P/W
负载对称						
负载不对称						/
A 相开路						/

② 负载不对称有以下两种情况：

A. 三相灯泡负载中的灯泡点亮的盏数不均匀，其中，A 相亮 1 盏灯、B 相亮 2 盏灯、C 相的 3 盏灯全亮。

B. A 相开路：将 A 相的电源线断开，此时 A 相的 3 盏灯全不亮。

（3）用一瓦计法测量三相三线制电路中负载对称时的有功功率 P。

① 把三相灯泡负载连接成三角形，组成三角形负载；按图 3-55 所示实验电路接线，调节调压器的输出电压，使三相对称电源的线电压为 127 V。

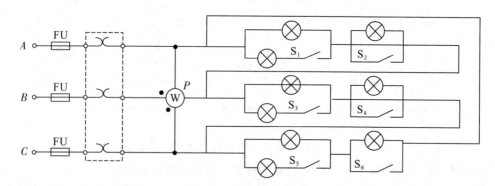

图 3-55　一瓦计法测量对称负载功率

② 测量负载对称时的有功功率 P，并将测量结果记录在表 3-22 中。

五、实验注意事项

(1) 正确使用调压器。

(2) 注意功率表的接线方法、电压量程和电流量程的选择以及功率表的读数方法。

(3) 负载端的线电压不得超过给定值。

六、实验设备

(1) D26 型功率表：三块；

(2) DT9205 型数字万用表：一块；

(3) 调压器(实验台配置)：一台；

(4) 三相负载实验箱：一个；

(5) 导线若干。

七、实验报告要求

(1) 在三相电路中，根据用一瓦计法和二瓦计法测量出负载对称时的有功功率，分别计算出负载的无功功率 Q 和功率因数角 φ。

(2) 能否用二瓦计法测三相四线制不对称负载的功率？为什么？

(3) 能否用二瓦计法测量三相四线制不对称负载的有功功率？为什么？

实验十四　二端口网络参数的测定

一、实验目的

（1）掌握直流二端口网络传输参数的测量方法。

（2）研究二端口网络及其等效电路在有载情况下的性能。

二、实验预习及要求

（1）复习二端口网络的基本理论。

（2）如何测定二端口网络参数。

（3）根据图 3-59 所示的实验电路图，按照实验内容给出的实验条件计算出二端口网络的传输参数 A、B、C、D 和 R_1、R_2、R_3 的理论值。

三、原理与说明

（1）对于无源线性二端口网络，如图 3-56 所示。可以用网络参数来表征它的特征，这些参数只决定于二端口网络内的元件和结构，而与输入（激励）无关。网络参数确定后，两个端口处的电压电流关系即网络的特性方程就唯一的确定了。

图 3-56　无源线性二端口网络

① 若将二端口网络的输入端电流 $\dot{I}_1$ 和输出端电流 $\dot{I}_2$ 作为自变量，电压 $\dot{U}_1$ 和 $\dot{U}_2$ 作为因变量，则

$$\dot{U}_1 = Z_{11}\dot{I}_1 + Z_{12}\dot{I}_2$$

$$\dot{U}_2 = Z_{21}\dot{I}_1 + Z_{22}\dot{I}_2$$

式中，Z_{11}、Z_{12}、Z_{21}、Z_{22} 称为二端口网络的 Z 参数，它们具有阻抗的性质，分别表示为

$$Z_{11} = \left.\frac{\dot{U}_1}{\dot{I}_1}\right|_{I_2=0}, \quad Z_{12} = \left.\frac{\dot{U}_1}{\dot{I}_2}\right|_{I_1=0}$$

$$Z_{21} = \left.\frac{\dot{U}_2}{\dot{I}_1}\right|_{I_2=0}, \quad Z_{22} = \left.\frac{\dot{U}_1}{\dot{I}_1}\right|_{I_2=0}$$

从上述 Z 参数的表达式可知，只要将二端口网络的输入端和输出端分别开路，测出其相应的电压和电流后，就可以确定网络的 Z 参数。

当二端口网络为互易时，有 $Z_{12}=Z_{21}$，因此，四个参数中只有三个是独立的。

② 若将二端口网络的输出电压 $\dot{U}_2$ 和电流 $\dot{I}_2$ 作自变量，输入端电压 $\dot{U}_1$ 和电流 $\dot{I}_1$ 作因变量，则

$$\dot{U}_1 = A_{11}\dot{U}_2 + A_{12}(-\dot{I}_2), \quad \dot{I}_1 = A_{21}\dot{U}_2 + A_{22}(-\dot{I}_2)$$

式中，A_{11}、A_{12}、A_{21}、A_{22} 称为传输参数，分别表示为

$$A_{11} = \frac{\dot{U}_1}{\dot{U}_2}\bigg|_{\dot{I}_2=0}, \quad A_{12} = \frac{\dot{U}_1}{-\dot{I}_2}\bigg|_{\dot{U}_2=0}$$

$$A_{21} = \frac{\dot{I}_1}{\dot{U}_2}\bigg|_{\dot{I}_2=0}, \quad A_{22} = \frac{\dot{I}_1}{-\dot{I}_2}\bigg|_{\dot{U}_2=0}$$

可见，A 参数同样可以用实验的方法求得。当二端口网络为互易网络时，有 $A_{11}A_{22} - A_{12}A_{21} = 1$，因此，四个参数中只有三个是独立的。在电力和电信传输中常用 A 参数来描述网络特性。

③ 若将二端口网络的输入电流 $\dot{I}_1$ 和输出电压 $\dot{U}_2$ 作为自变量，输入端电压 $\dot{U}_1$ 和输出端电流 $\dot{I}_2$ 作为因变量，则有方程

$$\dot{U}_1 = h_{11}\dot{I}_1 + h_{12}\dot{U}_2, \quad \dot{I}_2 = h_{21}\dot{I}_1 + h_{22}\dot{U}_2$$

式中，h_{11}、h_{12}、h_{21}、h_{22} 称为混合参数，分别表示为

$$h_{11} = \frac{\dot{U}_1}{\dot{I}_1}\bigg|_{\dot{U}_2=0}, \quad h_{12} = \frac{\dot{U}_1}{\dot{U}_2}\bigg|_{\dot{I}_1=0}$$

$$h_{21} = \frac{\dot{I}_2}{\dot{I}_1}\bigg|_{\dot{U}_2=0}, \quad h_{22} = \frac{\dot{I}_2}{\dot{U}_2}\bigg|_{\dot{I}_1=0}$$

h 参数同样可以用实验的方法求得。当二端口网络为互易网络时，有 $h_{12} = -h_{21}$；因此，网络的四个参数中只有三个是独立的。h 参数常被用来分析晶体管放大电路的特性。

(2) 无源二端口网络的外特性可以用三个阻抗(或导纳)元件组成的 T 形或 π 形等效电路来代替，其 T 形等效电路如图 3-57 所示。若已知网络的 A 参数，则阻抗 Z_1、Z_2、Z_3 分别为

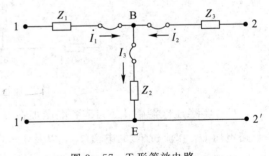

图 3-57 T 形等效电路

$$Z_1 = \frac{A_{11} - 1}{A_{21}}$$

$$Z_2 = \frac{1}{A_{21}}$$

$$Z_3 = \frac{A_{22} - 1}{A_{21}}$$

因此，求出二端口网络的 A 参数之后，二端口网络的 T 形(或 π 形)等效电路的参数也就可以求得。

(3) 二端口网络输出端接一个负载 Z_L，在输入端接一个实际电源($\dot{U}_S$ 和阻抗 Z_S 串联构成)，如图 3-58 所示。则二端口网络的输入阻抗为输入端电压和电流之比，即：$Z_{in} = \dot{U}_1/\dot{I}_1$。根据 A 参数方程，可得

$$Z_{\mathrm{in}} = \frac{A_{11}Z_{\mathrm{L}} + A_{12}}{A_{21}Z_{\mathrm{L}} + A_{22}}$$

输入阻抗、输出阻抗可以根据网络参数计算得到，也可以通过实验测得。

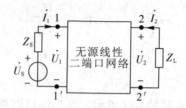

图 3-58　实验电路等效模型

本实验采用在无源二端口网络加直流电源的办法来研究它。这样，电路中的电压、电流均为直流值。阻抗值则为电阻值。

四、实验内容及步骤

1. 测量二端口网络的参数

按图 3-59 所示的二端口网络连接电路。

（1）调节直流电源输出，使 $U_1 = 15$ V，并将其加在 $1-1'$ 端，测量 $2-2'$ 开路时的开路电压 U_{20} 和流过 R_1 的电流 I_{10}，以及 $2-2'$ 短路时流过 R_1 的电流 I_{1S} 和流过 R_2 的电流 I_{2S}，将测量结果填入表 3-23 中。

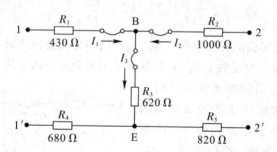

图 3-59　实验电路

（2）将稳压电源输出的 15 V 电压加在 $2-2'$ 端，即使 $U_2 = 15$ V。测量 $1-1'$ 开路时的开路电压 U_{10} 和流过 R_2 的电流 I_{20}，以及 $1-1'$ 短路时流过 R_1 的电流的 I_{1S} 和流过 R_2 的电流 I_{2S}。将以上测量结果填入表 3-24 中。计算二端口网络的 A 参数。验证公式 $A_{11}A_{22} - A_{12}A_{21} = 1$。

表 3-23　$1-1'$ 接电源参数测量

$2-2'$ 开路 （$I_2 = 0$）	U_{20}/V	I_{10}/mA
$2-2'$ 短路 （$U_2 = 0$）	I_{1S}/mA	I_{2S}/mA

表 3 – 24　2 – 2′接电源参数测量

1 – 1′开路 ($I_1 = 0$)	U_{20}/V	I_{10}/mA
1 – 1′短路 ($U_1 = 0$)	I_{1S}/mA	I_{2S}/mA

2. 测量 T 形等效电路的参数

根据表 3 – 23 中的数据，先计算出网络的 A 参数，再根据 A 参数计算出 T 形等效电路中的电阻 R_1、R_2、R_3，并用三个多值电阻器组成 T 形等效电路。在图 3 – 57 中，在 1 – 1′端加 $U_1 = 15$ V 的电压，测量 2 – 2′开路时的 U_{20} 和 I_{10} 以及 2 – 2′短路时的 I_{1S} 和 I_{2S}，将测量结果填入表 3 – 25 中。比较表 3 – 23 和表 3 – 25 中的数据，验证电路的等效性。

表 3 – 25　T 形等效电路参数测量

2 – 2′开路 ($I_2 = 0$)	U_{20}/V	I_{10}/mA
2 – 2′短路 ($U_2 = 0$)	I_{1S}/mA	I_{2S}/mA

3. 利用分别测量的方法求 A 参数

我们使用在输入端与输出端分别测量的方法，其电路如图 3 – 59 所示。在 1 – 1′端加电压 $U_1 = 15$ V，测量 2 – 2′开路和短路时的 U_{10} 和 U_{1S} 以及 I_{10} 和 I_{1S}，计算 Z_{10} 和 Z_{1S}。然后在 2 – 2′端加电压 $U_2 = 15$ V，测量 1 – 1′开路和短路时的 U_{20} 和 U_{2S} 以及 I_{20} 和 I_{2S}，计算 Z_{20} 和 Z_{2S}。计算 A_{11}、A_{12}、A_{21}、A_{22}。与步骤 2. 的结果进行比较。

五、实验注意事项

(1) 在测量电流时，注意电流表的极性及选取合适的量程。

(2) 断电接、拆线，按照原理图接线，通电前检查导线是否连接合理。

(3) 在做等效电路前，要将三个多值电阻器调到相应的阻值后，再用万用表欧姆挡测量。

六、实验设备

(1) DF731SB 可调直流稳压、稳流电源(三路)：一台；

(2) HG1943A 型直流数字电流表：一块；

(3) EEL – 51 元件箱(一)：一个；

(4) EEL – 53F 元件箱(三)：一个；

(5) DT9205 型数字万用表：一块；

（6）ZX36 型多值电阻器：两个；

（7）导线若干。

七、实验报告要求

根据要求完成对数据表格的测量，完成 A 参数及 T 形等效电路参数的计算，列出二端口网络的 T 形等效电路参数方程，得出实验结论。

第 4 章　Multisim 12 电路分析软件

Multisim 12 是美国国家仪器有限公司推出的以 Windows 为基础的仿真工具，适用于模拟/数字电路板的设计工作。Multisim 12 提供了全面集成化的电路设计环境，能够完成从原理图设计输入、电路仿真分析到电路功能测试等工作。当改变电路连接或改变元件参数来对电路进行仿真时，可以清楚地观察到各种变化对电路性能的影响。借助专业的高级 SPICE 分析和虚拟仪器，使用者能在设计流程中提早对电路设计进行迅速验证，从而缩短建模循环。

本章主要介绍 Multisim 12 的基本操作，介绍电路的创建过程及电路的模拟仿真。同时使读者对 Multisim 12 有一个感性认识，引导初学者入门。

4.1　Multisim 12 窗口界面

从开始菜单程序项中运行 Multisim 12 主程序后，在计算机显示器上出现它的基本界面，如图 4-1 所示。

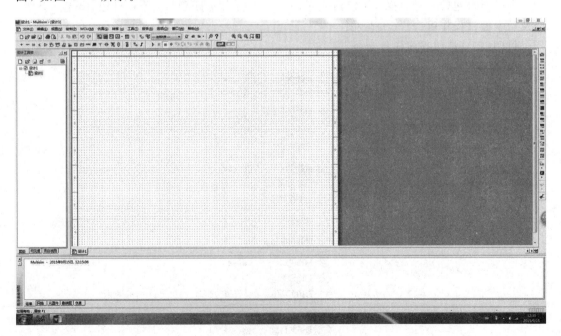

图 4-1　Multisim 12 基本窗口界面

从图 4-1 中可以看到，在窗口界面中主要包含了以下几个部分：菜单栏（Menus）、工具栏（Toolbar）、元件库（Component Bars）、仪表工具栏（Instruments Toolbar）、电路仿真操作窗口（Circuit Window）等。下面对上述各部分分别进行介绍。

一、菜单栏

菜单栏如图 4-2 所示，在菜单栏中包括了 12 个菜单。

文件(F) 编辑(E) 视图(V) 绘制(P) MCU(M) 仿真(S) 转移(n) 工具(T) 报告(R) 选项(O) 窗口(W) 帮助(H)

图 4-2 菜单栏

1. 文件(File)

文件菜单主要用于管理所创建的电路文件，如图 4-3 所示。

新建(N)：新建一个任务。

打开(O)：打开一个任务，可以使用快捷键 Ctrl+O。

打开样本(m)：打开系统的设计模板和实例。

关闭(C)：关闭当前任务。

全部关闭(I)：关闭所有当前任务。

保存(S)：保存当前任务，可以使用快捷键 Ctrl+S。

另存为(a)：当前任务另存为。

全部保存(v)：保存当前所有任务。

片断(i)：片断操作，包括将设计中的所选内容和有效设计保存为片断、粘贴片断以及打开已有的片断文件。

项目与打包(j)：项目操作，包括新建、打开、保存、关闭项目，项目打包、解包、升级，以及版本控件操作等。

打印(P)：打印当前任务命令。

图 4-3 文件菜单

打印预览(w)：预览打印内容。

打印选项(t)：打印选项设置，其中包括电路图打印设置和选择打印当前工作区内的仪表波形图命令。

最近设计：打开最近的设计任务。

最近项目(R)：打开最近设计的工程。

文件信息：查看正在设计的文件信息，可以使用快捷键 Ctrl+Alt+I。

退出(x)：退出系统。

2.　编辑(Edit)

编辑菜单包含最基本的编辑操作命令和元件的位置操作命令，如图 4-4 所示。

撤消(U)：撤消操作，可以使用快捷键 Ctrl+Z。

重复(R)：恢复操作，可以使用快捷键 Ctrl+Y。

剪切(t)：可以使用快捷键 Ctrl+X。

复制(C)：可以使用快捷键 Ctrl+C。

粘贴(P)：可以使用快捷键 Ctrl+V。

选择性粘贴(s)：设计的选择性粘贴，包括两个选项。

删除(D)：可以使用快捷键 Delete。

删除多页(-)：进行多页删除。

全部选择(a)：可以使用快捷键 Ctrl+A。

图 4-4　编辑菜单

查找(F)：可以使用快捷键 Ctrl+F。

合并所选总线(e)：将设计总线进项合并。

图形注解(G)：图形注释。

次序：叠放次序。

图层赋值(y)：层分配。

图层设置(L)：层设置。

方向(O)：可对选中项进行左右 90°旋转，水平方向 180°旋转，垂直 180°旋转。

对齐：可对选中项进行左对齐、右对齐、垂直居中、顶对齐、底对齐和水平居中。

标题块位置(i)：设置标题块位置。

编辑符号/标题块(b)：符号和标题块的编辑。

字体：字体。

注释(m)：说明。

表单/问题(q)：设计信息和问题表。

属性：可以使用快捷键 Ctrl+M。

3. 视图(View)

视图菜单(如图 4-5 所示)包括调整窗口视图的命令，用于添加或去除工具条、元件库栏、状态栏以及在窗口界面中显示网络，以提高在电路搭接时元件相互的位置准确度；放大或缩小视图的尺寸以及设置各种显示元素等。

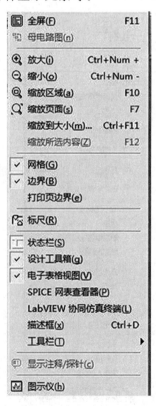

图 4-5　视图菜单

全屏(F)：隐藏设计任务栏，可以使用快捷键 F11。

放大(i)：放大显示视图，可以使用快捷键 Ctrl+Num+。

缩小(o)：缩小显示视图，可以使用快捷键 Ctrl+Num−。

缩放区域(a)：选择区域显示，可以使用快捷键 F10。

缩放页面(s)：适合页面显示。

缩放到大小(m)：设定显示比例，可以使用快捷键 Ctrl+F11。

缩放所选内容(Z)：所选内容的缩放显示，可以使用快捷键 F12。

网格(G)：显示栅格。

边界(B)：显示设计边界。

打印页边界(e)：打印时显示页边界。

标尺(R)：显示标尺栏。

状态栏(S)：显示状态栏(S)。

设计工具箱(g)：显示设计工具箱。

电子表格视图(V)：显示电子表格视图。

SPICE 网表查看器(P)：显示 SPICE 网表。

LabVIEW 协同仿真终端(L)：显示 LabVIEW 协同仿真窗口。

描述框(x)：显示电路描述框，可以使用快捷键 Ctrl+D。

工具栏(T)：选择工具栏。

图式仪(h)：显示仿真波形。

4. 绘制(Place)

通过绘制菜单(如图 4-6 所示)中的各项命令可在窗口中放置对象。

图 4-6　绘制菜单

元器件(C)：放置一个元件，可以使用快捷键 Ctrl＋W。

结(J)：放置一个结点，可以使用快捷键 Ctrl＋J。

导线(W)：放置导线，可以使用快捷键 Ctrl＋Shift＋W。

总线(B)：放置总线，可以使用快捷键 Ctrl＋U。

连接器(o)：放置连接器，可以与其他层次模块连接。

新建层次块(N)：新建一个层次块。

层次块来自文件(H)：将某设计文件设计为层次块，可以使用快捷键 Ctrl＋H。

用层次块替换(v)：将电路部分或全部用层次块替换，可以使用快捷键 Ctrl＋Shift＋H。

新建支电路(s)：建立一个支电路，可以使用快捷键 Ctrl＋B。

用支电路替换(R)：将电路部分或全部用支电路替换，可以使用快捷键 Ctrl＋Shift＋B。

多页(-)：多页操作。

总线向量连接(v)：总线向量操作。

注释(m)：添加注释文本。

文本(T)：放置文本，可以使用快捷键 Ctrl＋Alt＋A。

图形(G)：图形工具。

标题块(k)：放置标题块。

5. MCU(Micro Controller Unit)

微控制器(MCU)具有协同仿真的功能，可在 SPICE 模型的电路中添加用汇编代码或 C 代码编写的 MCU。它可与后续课程中学习的 8051 等单片机进行联合仿真。本菜单在这里不做介绍，有兴趣的读者可自行学习。

6. 仿真(Simulation)

仿真菜单(如图 4－7 所示)提供了仿真所需的各种设备及方法。

图 4－7　仿真菜单

运行(R)：运行仿真开关，可以使用快捷键 F5。

暂停(u)：暂停仿真开关，可以使用快捷键 F6。

停止(S)：停止仿真开关。

仪器(I)：提供了仿真所需的各种仪表。

交互仿真设置(n)：交互仿真参数设置。

混合模式仿真设置(M)：混合模式仿真选择。

分析(A)：选择仿真分析方法，其级联菜单如图 4-8 所示。

后台处理器(P)：打开后台处理器的对话框。

仿真错误记录信息窗口(e)：打开仿真错误记录/检查数据跟踪记录。

XSPICE 命令行界面(X)：打开 XPSICE 命令行界面。

加载仿真设置(L)：加载仿真设置文件。

保存仿真设置(m)：将仿真设置保存为文件。

自动故障选项(f)：自动设置电路故障情况。

动态探针属性(y)：动态探针属性设置。

反转探针方向(R)：反转探针方向即改变参考方向。

清除仪器数据(C)：清除仪器的数据和波形。

使用容差(U)：使用设置容差。

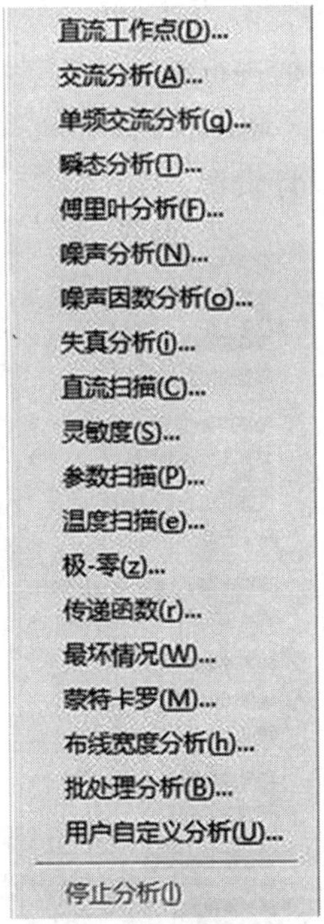

图 4-8　分析级联菜单

7. 转移（Transfor）

转移菜单提供了将 Multisim 格式转换为其他 EDA 软件需要的文件格式的操作命令。本菜单在这里不做介绍。

8. 工具（Tools）

工具菜单（如图4-9所示）可管理、更新元件库等。

元器件向导（w）：元器件生成向导。

数据库（D）：数据库相关操作。

变体管理器（V）：打开变体管理器。

设置有效变体（i）：打开有效变体选择窗口。

电路向导（C）：打开电路设计向导。

SPICE 网表查看器：打开 SPICE 网表查看器相关。

元器件重命名/重新编号（R）：打开器件重命名和器件重新编号窗口，可进行器件重命名和对器件重新编号。

替换元器件（m）：打开元件替换窗口，可进行元器件替换。

更新电路图上的元器件（U）：打开元器件更新窗口，可进行选中元器件的更新。

更新 HB/SC 符号（H）：打开更新 HB/SC 符号窗口，可进行选中元器件的更新。

电器法则查验（I）：打开电器法则查验窗口，进行设计电路电器规则查验。

清除 ERC 标记（k）：将设计图中的 ERC 标记清除。

切换 NC 标记（g）：将设计图中的 NC 标记进行切换。

符号编辑器（S）：编辑图形符号。

标题块编辑器（T）：编辑标题块。

描述框编辑器（E）：对电路描述框进行编辑。

捕获屏幕区（a）：捕获屏幕选定区域。

在线设计资源（O）：打开在线设计资源。

图4-9　工具菜单

9. 报告（Reports）

报告菜单如图4-10所示。

材料单(B)：电路图使用器件报告。

元器件详情报告(m)：元器件详细参数报告。

网表报告(N)：电路图网络连接报告。

交叉引用报表(C)：产生电路所有元器件的详细列表。

原理图统计数据(S)：对原理图进行统计。

多余门电路报告(g)：空闲门电路报告。

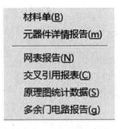

图 4-10　报告菜单

10. 选项(**Options**)

选项菜单(如图 4-11 所示)可对程序的运行和界面进行设置。

全局偏好(G)：全局设置操作环境。

电路图属性(p)：电路图属性设置。

自定义界面(u)：用户命令自定义设置。

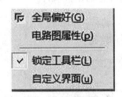

图 4-11　选项菜单

11. 窗口(**Windows**)

窗口菜单如图 4-12 所示。

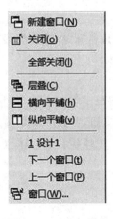

图 4-12　窗口菜单

新建窗口(N)：新建一个窗口。

关闭(o)：关闭当前窗口。

全部关闭(I)：关闭所有窗口。

层叠(C)：层叠窗口。

横向平铺(h)：水平分割排列显示。

纵向平铺(v)：垂直分割排列显示。

1 设计 1：当前用户文档名称。

下一个窗口(t)：当前窗口切换至下一个窗口。

上一个窗口(p)：当前窗口切换至上一个窗口。

窗口(W)：打开窗口的对话框。

12. 帮助(Help)

帮助菜单提供帮助文件(如图 4-13 所示)，按下键盘上的 F1 键可获得帮助。其主要是关于 Multisim 的入门教程、原理介绍、版本发布信息、专利、范例、当前使用的版本信息等，初学者可以点击了解。

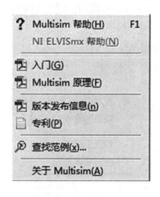

图 4-13　帮助菜单

二、工具栏

工具栏如图 4-14 所示。

图 4-14　工具栏

工具栏在菜单栏的下方，可分为左半部分的系统工具栏和右半部分的设计工具栏。系统工具栏中基本是常用的基本功能按钮，与 Windows 的同类按钮类似，这里不再详细叙述。值得注意的是设计工具栏，该工具栏从右到左依次为：

▭：同 ▮▮ 。

◧▯：同 ▶ 。

In Use List：记录用户在进行电路仿真中最近用过的元件和分析方法，以便用户可随时调出使用。

⬚：捕获屏幕区域，以位图格式复制到粘贴板，可进行粘贴。

🖉：电气规则检查。

▦：后分析器(Postprocessor)按钮：进行对仿真结果的进一步操作。

▥▾：分析(Analysis)按钮：选择要进行的分析。

▤：设计电路信息显示栏。

🗂：设计级联工具栏。

◼：结束仿真按钮。

❙❙：暂停仿真按钮。

▶：开始仿真(Simulate)按钮。

三、元件库

在窗口的最左边是元件库，也称为在软件中显示的元器件。它提供了用户在电路仿真中所用到的所有元件，如图 4 – 15 所示。

图 4 – 15　元件库

元件库包含有电源库、基本元件库、二极管库、晶体管库、模拟元件库、TTL 元件库、其他数字元件库、混合芯片库、指示部件库、电源元件库、机电类元件库等。

四、仪表工具栏

在窗口的最右边一栏是仪表工具栏，用户所用到的仪器、仪表都可在此栏中找到，如图 4 – 16 所示。

图 4 – 16　仪表工具栏

仪表工具栏包含有数字万用表、函数发生器、瓦特表、双通道示波器、四通道示波器、波特图仪、频率计、数字信号发生器、逻辑分析仪、逻辑转换器、IV 分析仪、失真度仪、频谱分析仪、网络分析仪、Agilent 信号发生器、Agilent 万用表、Agilent 示波器、泰克示波器、电压探头、虚拟仪器、电流探头等。

五、电路仿真操作窗口

在图 4-1 中，中间的窗口就是用户所用到的电路仿真操作窗口，用户大量的工作在此窗口中完成。

4.2 电路的连接

本节通过一个示例说明如何在 Multisim 12 中创建和连接电路，并通过调用示波器，帮助读者初步掌握虚拟仪器的连接和使用方法。

一、基本界面的定制

为了方便电路的创建、分析和观察，我们有必要在创建一个电路之前，根据具体电路的要求和用户的习惯设置一个特定的用户界面。

（1）运行选项菜单中的全局偏好命令，出现"全局偏好"对话框，如图 4-17 所示。打开元器件页，对元件放置的方式、元件箱内元件的符号标准及从元件箱中选用元件的形式进行设置。

图 4-17 "全局偏好"对话框

① 元器件布局模式：选择放置元件的方式。默认方式为仅对多段式元器件进行持续布局（按 Esc 键退出）(m)；放置单个元件是指选取一次元件，只能放置一次，不管该元件是单个封装还是复合封装。持续布局（按 Esc 键退出）是指对于复合封装在一起的元件，如74LS00D，可连续放置，按 Esc 键或点击鼠标右键可以结束放置。

② 符号标准：选取所采用的元器件符号标准，其中，ANSI 选项设置采用美国标准，而 DIN 选项设置采用欧洲标准。由于我国的电气符号标准与欧洲标准相近，故选择 DIN较好。需要注意的是，符号标准的选用，仅对现行及以后编辑的电路有效，不会更改以前编辑的电路符号。其余选项不再介绍。

（2）运行选项菜单中的电路图属性命令，即出现"电路图属性"对话框，如图 4-18 所示。该对话框包括若干标签页，每个标签页中有若干功能选项。其中有以下几个重要的标签页：

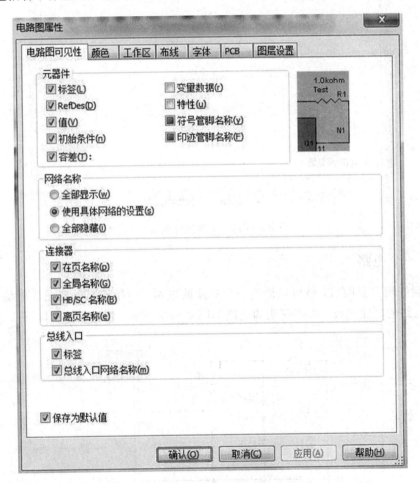

图 4-18　"电路图属性"对话框

① 电路图可见性：对电路窗口内的电路图形进行设置。

② 颜色：设置编辑窗口内各元器件和背景的颜色。在下拉框中可以指定程序预置的几种配色方案。如果预置的配色方案不合适，可自行指定配色方案。自行指定配色方案时，使用右侧的选项分别指定各项目的颜色。

③ 工作区：对电路显示窗口图纸进行设置，如图 4-19 所示。

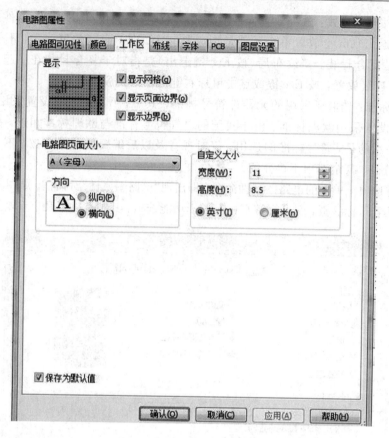

图 4-19 . 工作区标签页

二、创建一个电路

在定制好用户界面后，就可以创建一个具体的电路了。我们以电容充放电仿真电路为例，介绍电路的创建过程。所要创建的电路如图 4-20 所示。创建电路有以下 5 个步骤。

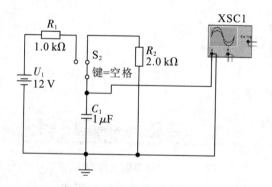

图 4-20　电容充放电仿真电路

1. 从元件库中调用所需元件

（1）选取电阻、电容、电感等基本元件。单击" 〰 "按钮即可拉出电阻元件库，如图 4-21 所示。在此元件库中，点击其中的" ▭ RESISTOR "图标，弹出如图 4-22 所示的对话框。列表中给出了常用的电阻标称值，可单击所需的电阻元件将其放入操作界面中。也可以在列表上面的对话框输入所需电阻标称值进行选取，如图 4 - 23 所示。

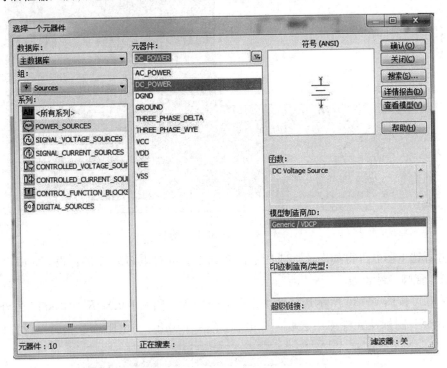

图 4 - 21　电阻元件库对话框

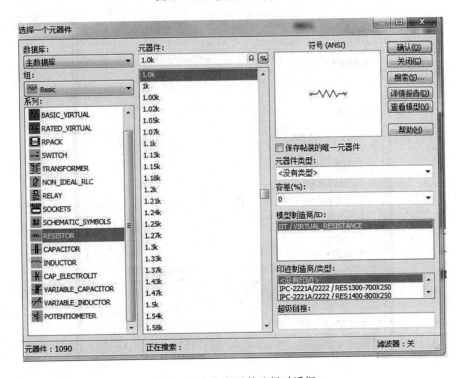

图 4 - 22　电阻元件选择对话框

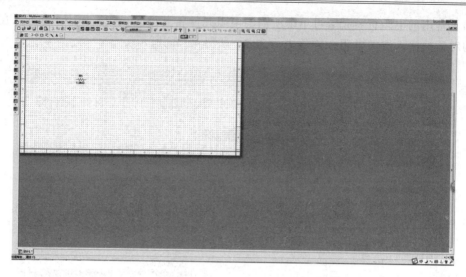

图 4 - 23　选取电阻示意图

　　双击所选电阻，可得如图 4 - 24 所示的对话框。可对电阻属性进行设置，即设电阻标号、数值、管脚、封装等。

　　初学者可按图 4 - 20 所示选取两个电阻，分别为：$R_1 = 1$ kΩ，$R_2 = 2$ kΩ。另外，点击" CAPACITOR "图标从元件库中选取一个电容，$C_1 = 10$ μF，与电阻选取和属性设置相仿。

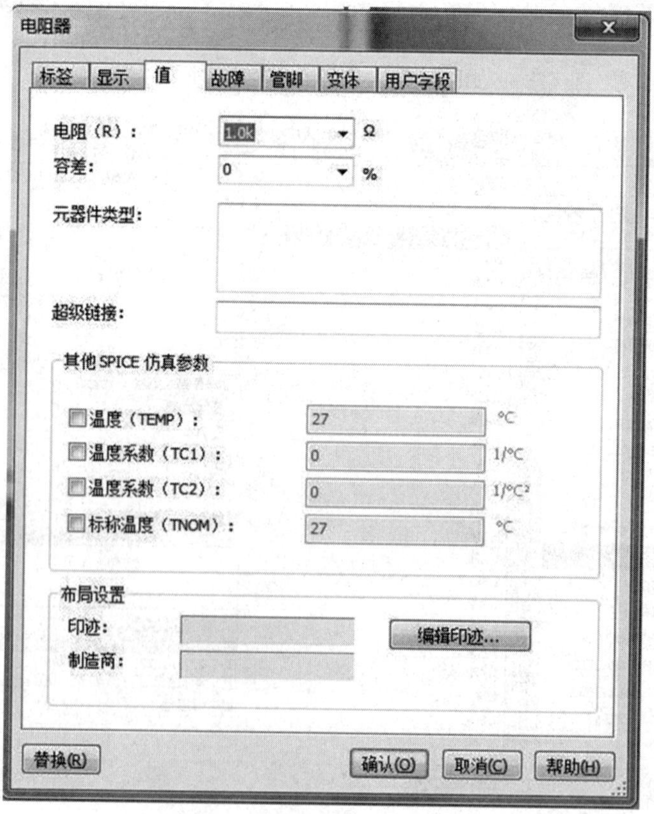

图 4 - 24　"电阻器"对话框

（2）修改基本元件的位置、显示颜色。为了使元件符合图中的要求，有时需要移动、旋转、删除元件或改变元件的显示颜色。这时，可用鼠标进行相应操作或用鼠标右击元件，然后在弹出的菜单（如图 4 - 25 所示）中选择相应的操作。

① 移动元件：指针指到所要移动的元件上，按住鼠标左键，然后移动鼠标，将其移动到适当的位置后放开左键。

② 删除文件：指针指向所要删除的元件，点击则在该元件的四角将各出现一个小方块。然后点击鼠标右键后在快捷菜单中选取剪切命令。

③ 旋转元件：指针指向所要旋转的元件，点击则在该元件的四角将各出现一个小方块。然后点击鼠标右键，弹出快捷菜单，选取相应旋转命令即可对元器件进行水平翻转、垂直翻转、顺时针旋转 90°和逆时针旋转 90°。

④ 改变元件的颜色：指针指向元件，点击鼠标右键弹出快捷菜单。然后选取颜色命令，将出现如图 4 - 26 所示的对话框。直接选取所要采用的颜色，然后点击"OK"按钮即可。

图 4 - 25　弹出的菜单

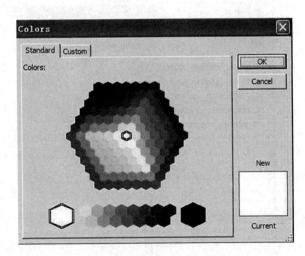

图 4 - 26　"Colors"对话框

（3）选取电源元件。单击 ✚ 图标即可弹出电源元件库，如图 4 - 27 所示。电源元件库包括独立电源、信号源、受控源和其他合成电源。点击"🔘 POWER_SOURCES"图标，弹出如图 4 - 28 所示的界面，按图 4 - 20 要求在库中选择直流电压源和"地"。

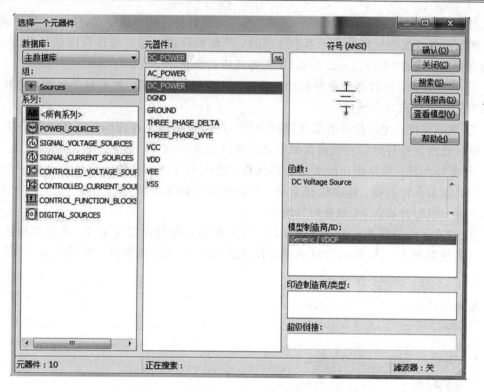

图 4 – 27　电源元件库

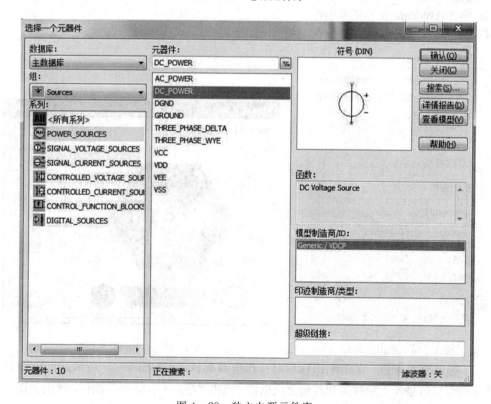

图 4 – 28　独立电源元件库

电压源大小为 12 V，如改变其参数，方法与电阻相仿。

（4）选取开关。在图 4 - 21 中点击 " 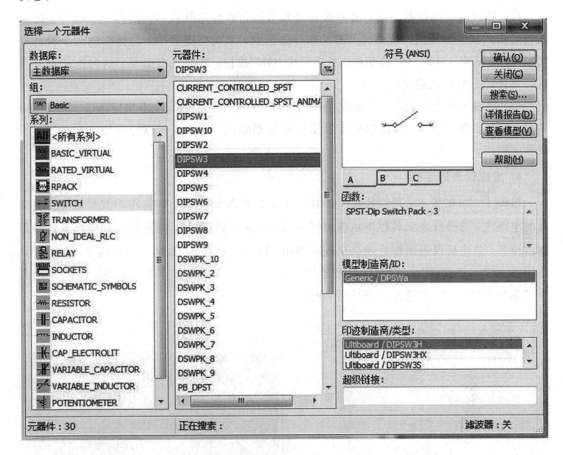 SWITCH " 图标，弹出如图 4 - 29 所示的对话框。选择单刀双掷开关放置在图中合适的位置。其参数"键＝空格"意为按下空格键来转换开关状态。

图 4 - 29　开关选择的对话框

2. 连接电路

在 Multisim 12 中线路的连接非常方便，一般有以下两种连接方法：

（1）元件之间的连接。将鼠标指针移近所要连接的元件引脚一端，鼠标指针自动转变为"＋"。点击并拖动指针至另一元件的引脚，再次出现"＋"时点击，系统将自动连接两个引脚之间的线路。

（2）元件与线路的中间连接。从元件引脚开始，指针指向该引脚并点击，然后拖向所要连接的线路上再点击，系统不但自动连接两个点，同时在所连接线路的交叉点上自动放置一个接点。

如果两条线只是交叉而过，不会产生连接点，即两条交叉线并不相连。按图 4 - 20 所示连接好所有元件和开关。

3. 导线的调整

（1）轨迹的调整。对已连接好的导线轨迹进行调整，可先将指针对准欲调整的导线，点击鼠标右键将其选中，按住鼠标左键，拖动线上的小方块或两小方块之间的线段至适当位置后松开即可。

（2）导线颜色的调整。为突出某些导线和节点，可对其设置不同的颜色来区分。将鼠标指针指向某一导线或连接点，点击鼠标右键选中，出现快捷菜单。选择颜色命令将打开"Colors"对话框，选取所需的颜色，然后点击"OK"按钮。需要注意的是，这时连接点及其直接相连的导线颜色将同时改变。

（3）导线和接点的删除。对准欲调整的导线，点击鼠标右键，出现快捷菜单，选择删除即可；如果要删除节点，应将鼠标指针指向所要删除的节点，点击鼠标右键选取该点，选择删除即可。

4. 虚拟仪表的连接

按图 4-20 的要求，我们还需要连接一个示波器来分析和观察电压的波形。在已连接好的电路中，选择仪表工具栏中示波器（Oscilloscope）"▨"图标，拖动鼠标到操作窗口任意空白位置，单击后仪表的符号就会出现在图中。该示波器有 A、B 两个独立通道，在这里只使用 A 通道。将仪器"－"端与电路接地端相连。由于只需观察 a 点电压波形，连接 A 通道"＋"端和电路 a 端。电路连接完毕后，电路如图 4-30 所示。

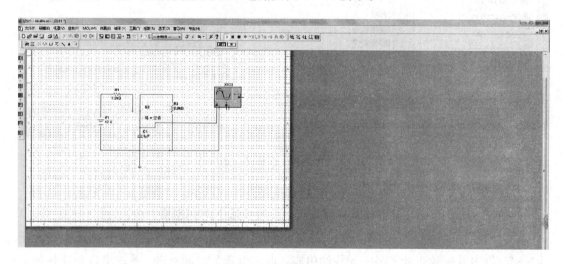

图 4-30　电路仿真界面

5. 电路的运行

电路搭接完成后，此时电路并未工作，按下工作界面的"▣▣▣"或" ▶ "按钮，电路才开始真正工作。双击示波器，可观察此时 a 点无电压波形，因为是充放电过程，需要有换路发生，所以必须调整开关状态才能观察到波形。首先按下空格键，可看到充电波形；再按下空格键，可看到放电波形（如图 4-31 所示），如波形太大或太小，可调整面板上的相关量程，直到合适为止。

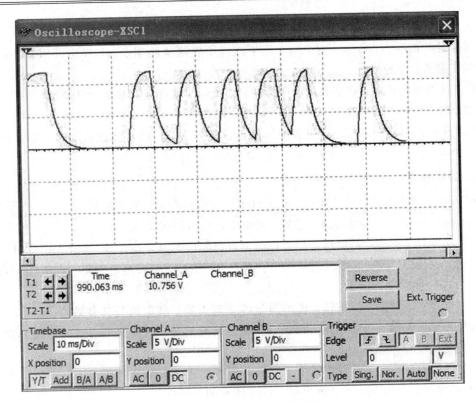

图 4 - 31　电容充放电波形图

4.3　虚拟仿真仪器

Multisim 12 在仪表工具栏下提供了常用的仪器、仪表。在这里只介绍本书用到的仪器、仪表，其余的如有需要读者可自学。

一、数字万用表

数字万用表(Multimeter)"![图标]"和实验室中的数字万用表一样，是一种多用途的常用仪器，它能完成交直流电压、电流和电阻的测量和显示，也可以用分贝(dB)形式显示电压和电流，其图标和面板如图 4 - 32 所示。

图 4 - 32　数字万用表的图标和面板

1. 连接

图标上的正（＋）、负（－）两个端子用于连接所要测试的端点，与现实万用表一样，使用时必须遵循如下原则：

（1）在测量电压时，数字万用表图标的正、负端子应并接在被测元件两端。

（2）在测量电流时，数字万用表图标的正、负端子应串联于被测支路中。

（3）在测量电阻时，数字万用表图标的正、负端子应与所要测试的端点并联，并且必须使电子工作台"启动/停止开关"处于"启动"状态。

2. 面板操作

数字万用表面板共分为 4 个区，从上到下、从左到右各区的功能如下：

（1）显示区：显示万用表测量结果，测量单位由万用表自动产生。

（2）功能设置区：点击面板上的各按钮可进行相应的测量与设置。点击"A"按钮，可以测量电流；点击"V"按钮，可以测量电压；点击"Ω"按钮，可以测量电阻；点击"dB"按钮，测量结果以分贝（dB）来表示。

（3）选择区：点击"～"按钮，表示测量各交流参数。测量值是其有效值。点击"—"按钮，测量各直流参数，如果在直流状态用以测量交流信号，则其测量所得的值是其交流信号的平均值。

（4）参数设定值区：设置按钮用于数字万用表内部的参数进行设置。点击数字万用表面板中的"设置..."按钮，就会弹出如 4-33 所示的对话框。

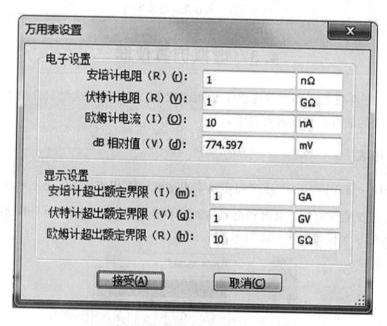

图 4-33　数字万用表内部的参数设置

图 4-33 中参数设置的意义如下：

① 安培计电阻（R）：用于设置与电流表并联的内阻，其大小会影响电流的测量精度。

② 伏特计电阻（R）：用于设置与电压表串联的内阻，其大小会影响电压的测量精度。

③ 欧姆计电阻（I）：用于设置在用欧姆表测量时，流过欧姆表的电流。

例 4 - 1 用万用表电压挡测量图 4 - 34 所示电路的电压值。

解 连接好电路，双击万用表图标，点击"V"按钮，再点击"—"按钮。运行仿真开关，当电压挡的内阻用其默认值 1 GΩ 时，测量电压为 14.307 V；若再点击数字万用表面板中的"Set"按钮，在弹出的对话框的电子设置栏中，将电压表内阻设置为 1 kΩ，则可测得电压为 14.120 V。

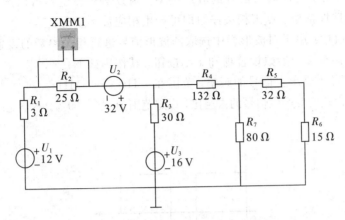

图 4 - 34 用万用表电压挡测量电压电路

可见电压表串联的内阻的大小影响电压的测量精度。而电压表的内阻越大越好。

二、函数信号发生器

函数信号发生器(Function Generator)"![icon]"是用来产生正弦波、方波和三角波信号的仪器，其图标和面板如图 4 - 35 所示。

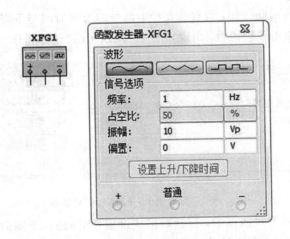

图 4 - 35 函数信号发生器的图标和面板

1. 连接

函数信号发生器的图标有"＋"、"普通"和"—"3 个输出端子，与外电路相连输出电压信号。连接"＋"和"普通"端子，输出信号为正极性信号；连接"—"和"普通"端子，输出信号为负极性信号，幅值等于信号发生器的有效值；连接"＋"和"—"端子，输出信号的幅度值等于信号发生器的有效值的两倍；同时连接"＋"、"普通"和"－"端子，并且把"普通"端子与公共地（Ground）相连，则输出两个幅值相等、极性相反的信号。

2. 面板操作

图4-35所示的函数信号发生器面板上共有两栏：波形栏和信号选项栏，其作用如下：

（1）波形栏：用于选择输出信号的波形类型。函数信号发生器可以产生正弦波、三角波和方波3种周期性信号。点击相关按钮即可产生相应波形信号。

（2）信号选项栏：用于对波形栏中选取的波形信号进行相关参数的设置。

信号选项栏共有4个参数设置项和1个按钮，其作用如下：

① 频率：设置所要产生信号的频率，范围在1 Hz～999 MHz。

② 占空比：设置所要产生信号的占空比，设定范围为1%～99%。占空比的定义如图4-36所示。

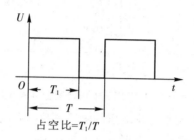

图4-36 占空比定义

③ 幅度：设置所要产生信号的最大电压值（即幅值），其可选范围为1 μV～999 kV。

④ 偏置：设置偏置电压值，即把正弦波、三角波、方波叠加在设置的偏置电压上输出，其可选范围为1 μV～999 kV。

⑤ 设置上升/下降时间按钮：设置所要产生信号的上升时间与下降时间。该按钮只有在产生方波时才有效。点击该按钮后，出现如图4-37所示的"设置上升/下降时间"对话框。

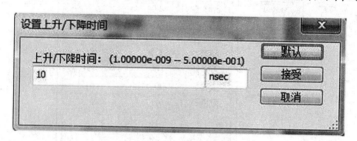

图4-37 "设置上升/下降时间"对话框

在如图4-37所示的对话框中，以指数格式设定上升时间（下降时间），点击"接受"按钮确认即可设定。若点击"默认"按钮，则取默认值为1.000000e-12。

当所有面板参数设置完成后，关闭该对话框，仪器图标将保持输出的波形。

三、示波器

示波器（Oscilloscope）"▨"是用来观察信号波形并测量信号幅度、频率及周期等参数的仪器，是电子实验中使用最为频繁的仪器之一，如图4-38所示。Multisim12提供的双通道示波器与实际的示波器外观和基本操作基本相同，该示波器可以观察一路或两路信号波形的形状，分析被测周期信号的幅值和频率，时间基准可在秒至纳秒范围内调节。示波图标有 A 通道、B 通道、外触发端，分别有"＋"、"－"端子，并且互相独立。

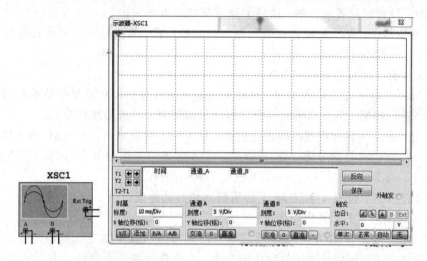

图 4-38　示波器的图标和面板

1. 连接

示波器与电路的连接如图 4-39 所示。图中 A、B 两个通道分别用与被测点相连，示波器上 A、B 两通道显示的波形即为被测点与"地"之间的波形。如果"－"不接，默认接地。

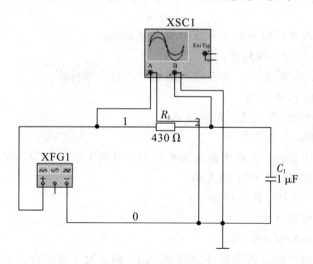

图 4-39　示波器与电路的连接

2. 面板操作

1) 示波器面板上各参数的设置和按钮功能

下面从上到下、从左至右依次对示波器面板上的 5 个区加以介绍。

(1) 显示区：显示 A、B 两个通道的波形。

(2) 时基区：设置 X 轴方向时间基线扫描时间。

时基区有两个栏，其作用如下：

① 标度栏：选择 X 轴方向每一个刻度代表的时间。点击该栏后将自动出现刻度翻转列表，上下翻转可选择适当的数值。修改其设置可使示波器上显示的波形的宽窄发生变化。低频信号周期较大，当测量低频信号时，设置时间要大一些；高频信号周期较小，当测量高频信号时，设置时间要小一些，这样测量观察比较方便。

② X 轴位移栏：表示 X 轴方向时间基线的起始位置。修改其设置可使时间基线左右移动，即波形左右移动。

时基区设有 4 个按钮，其作用如下：

③ Y/T：表示 Y 轴方向显示 A、B 通道的输入信号波形，X 轴方向显示时间基线，并按设置时间进行扫描。当显示随时间变化的信号波形时，常采用此种方式。

④ 添加：表示 X 轴按设置时间进行扫描，而 Y 轴方向显示 A、B 通道的输入信号之和。

⑤ B/A：表示将 B 信号施加在 Y 轴上，将 A 通道信号作为 X 轴（时间）扫描信号。

⑥ A/B：与 B/A 相反。

(3) 通道 A 区：设置 Y 轴方向 A 通道输入信号的标度。

通道 A 区共有两栏，其作用如下：

① 标度栏：表示 Y 轴方向对 A 通道输入信号每格所表示的电压数值。点击该栏后将出现刻度翻转列表，根据所测信号电压的大小。上下翻转该列表选择一适当的值。

② Y 轴位移栏：表示时间基线在显示屏幕中的上下位置。当其值大于零时，时间基线在屏幕中线上侧，反之在下侧。修改其设置可使时间基线上下移动，即波形上下移动。

通道 A 区设有 3 个按钮，其作用如下：

① 交流：表示屏幕仅显示输入信号中的交流分量（相当于实际电路中加入了隔直流通交流的电容）。

② 直流：表示屏幕将信号的交直流分量全部显示。

O：表示将输入信号对地短路。

(4) 通道 B 区：用来设置 Y 轴方向 B 通道输入信号的标度。

该区设置与通道 A 区相同。

(5) 触发区：用来设置示波器触发方式。

触发区共有两栏，其作用如下：

① 边沿：有两个按钮，表示将输入信号的上升沿或下降沿作为触发信号。

② 水平：用于选择触发电平的大小。

触发区设有 5 个按钮，其作用如下：

① 单次：选择单脉冲触发。

② 正常：选择一般脉冲触发。

③ 自动：表示触发信号不依赖外部信号。在一般情况下使用自动方式。

④ A 或 B：表示用 A 通道或 B 通道的输入信号作为同步 X 轴时间基线扫描的触发信号。

⑤ 外触发：用示波器图标上触发端子外触发连接的信号来同步 X 轴时间基线扫描。

2）示波器的使用

(1) 波形参数测量：在屏幕上有两条左右可以移动的读数指针，指针上方有三角形标志。通过鼠标左键可拖动读数指针左右移动。

在显示屏幕下方有 3 个测量数据的显示区：

① 上侧数据显示区显示 1 号读数指针所处的位置和所指信号波形的数据。T1 表示 1

号读数指针离开屏幕左端(时间基线零点)所对应的时间,时间单位取决于时基所设置的时间单位;通道 A 和通道 B 分别表示所测位置通道 A 和通道 B 的信号幅度值,其值为电路中测量点的实际值,与 X、Y 轴的标度设置值无关。

② 中间数据显示区显示 2 号读数指针所处位置和所指信号波形的数据。T2 表示 2 号读数指针离开时间基线零点的时间值。通道 A 和通道 B 分别表示所测位置通道 A 和通道 B 信号的实际幅度值。

③ 在下侧数据显示区中,T2－T1 显示 2 号读数指针所处位置与 1 号读数指针所处位置的时间差值,常用来测量信号的周期、脉冲信号的宽度、上升时间及下降时间等参数。通道 A 表示 A 通道信号两点测量值之差,通道 B 表示 B 通道信号两点测量值之差。

为使测量方便准确,可点击" □▮▮ "按钮或按 F6 键使波形"暂停",然后再测量。

(2) 设置信号波形显示颜色:为了便于观察和区分同时显示在示波器上的 A、B 两通道的波形,可快速双击连接 A、B 两通道的导线,在弹出的对话框中设置导线的颜色,此时波形的显示颜色便与导线的颜色相同,这样会使观察和测量非常方便。

(3) 改变屏幕背景颜色:点击面板右下方的"反向"按钮,即可改变屏幕背景的颜色。如要将屏幕背景恢复为原色,再次点击"反向"按钮即可。

(4) 存储读数:对于读数指针测量的数据,点击面板右下方"保存"按钮即可将其存储。数据存储格式为 ASCII 码。

(5) 移动波形:在动态显示时,点击" □▮▮ "按钮或按 F6 键使波形"暂停",通过改变 X 轴位移设置便可左右移动 A、B 通道的波形;利用指针拖动显示屏下沿的滚动条也可以左右移动波形。改变 Y 轴设置,可以上下移动 A、B 通道的波形。

例 4 - 2　用双通道示波器观察电路的输出波形。

解　双击示波器图标,参数设置如图 4 - 40 所示。运行仿真开关,即可得到仿真输出,波形也如图 4 - 40 所示。其中,A 通道为方波函数信号发生器的输出波形,B 通道波形为电容器 C_1 上的变化波形。

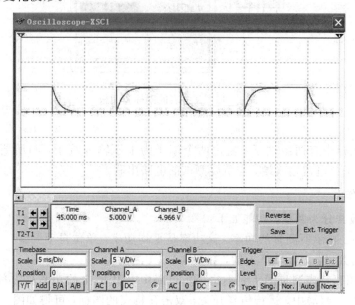

图 4 - 40　输出波形

　　![图标]四通道示波器(4 Channel Oscilloscope)与双通道示波器的使用方法和参数调整方式完全一样，只是多了一个通道控制器旋钮"![旋钮]"，当旋钮拨到某个通道位置，才能对该通道的 Y 轴进行调整。四通道示波器的电路和面板分别如图 4-41 和图 4-42 所示。

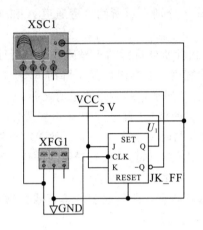

图 4-41　四通道示波器的电路　　　　　图 4-42　四通道示波器的面板

四、瓦特表

　　瓦特表(Wattmeter)"![图标]"是一种测量电路交、直流功率的仪器，其图标和面板如图 4-43 所示。

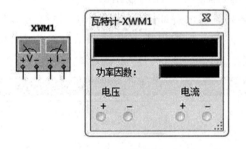

图 4-43　瓦特表的图标和面板

1. 连接

　　瓦特表的图标中有两组端子：左边两个端子为电压输入端子，与所要测试的电路并联；右边两个端子为电流输入端，与所要测试的电路串联。

2. 面板操作

　　瓦特表面板共分为两栏，功能如下：

　　(1) 显示栏：显示所测量的功率，该功率是平均功率，单位自动调整。

　　(2) 功率因数栏：显示功率因数，数值在 0~1 之间。

　　例 4-3　用瓦特表测量图 4-44(a)所示电路中电阻 R_3 上的功率及功率因素。

　　解　在图 4-44(a)中，运行仿真开关，双击瓦特表的图标，可得如图 4-44(b)所示的测量结果。平均功率为 2.474 mW，功率因数为 1.000。

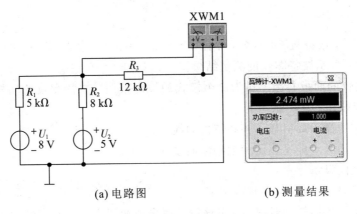

(a) 电路图　　　　　　(b) 测量结果

图 4 - 44　电路的功率及功率因数的测量

五、波特图仪

波特图仪(Bode Plotter)"■■"是一种测量电路、系统或放大器幅频特性 $A(f)$ 和相频特性 $\Phi(f)$ 的仪器,其图标和面板如图 4 - 45 所示。利用波特图仪可以方便地测量和显示电路的频率响应,波特图仪适合于分析滤波电路或电路的频率特性,特别易于观察截止频率。

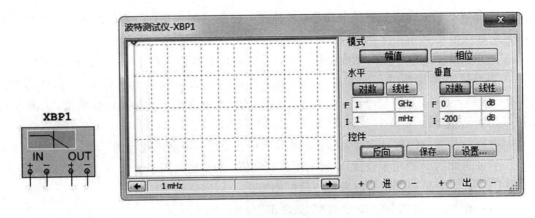

图 4 - 45　波特图仪的图标和面板

1. 连接

波特图仪的图标包括 4 个接线端:左边 IN 是输入端口,其"＋"、"－"分别与电路输入端的正、负端子相接;右边 OUT 是输出端口,其"＋"、"－"分别与电路输出端的正、负端子相接;由于波特图仪本身没有信号源,因此在使用波特图仪时,必须在电路的输入端口示意性的接一个交流信号源(或函数信号发生器),对信号源的频率设置无特殊要求,即不需要对参数进行设置。图 4 - 46 所示为波特图仪与高通滤波电路的连接。

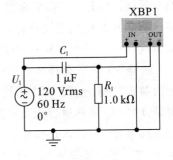

图 4 - 46　波特图仪与高通滤波电路的连接

2. 面板操作

图 4-45 所示的波特图仪面板分 5 个区，下面将从左到右、从上到下对它们分别加以介绍：

（1）显示区：显示波特图仪的测量结果。

（2）波特图仪的面板右边上排为 2 个模式的设定按钮，波特图仪的面板右边下排为 3 个控制模式设定按钮，其功能如下：

① 幅值：左边显示屏里显示幅频特性曲线。

② 相位：左边显示屏里显示相频特性曲线。

③ 反向：反向显示。

④ 保存：以 BOD 格式保存测量结果。

⑤ 设置：设置扫描的分辨率。点击该按钮后出现如图 4-47 所示的对话框。

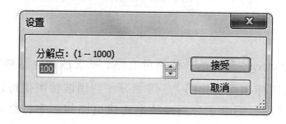

图 4-47　"设置"对话框

在分解点栏中选定扫描的分辨率，数值越大读数精度越高，但数值的增大将增加运行时间，默认值是 100。

（3）垂直：设定 Y 轴的刻度类型。垂直区共有两个按钮和两个分栏，其作用如下：

在测量幅频特性时，若点击对数按钮，Y 轴刻度的单位是 dB（分贝），标尺刻度为 $20\log A(f)$，其中，$A(f) = V_o(f)/V_i(f)$，当点击线性按钮后，Y 轴是线性刻度，一般情况下采用线性刻度。

在测量相频特性时，Y 轴坐标表示相位，单位是度，刻度是线性的。

该区下面的 F 栏用于设置 Y 轴刻度的最终值，而 I 栏则用于设置 Y 轴刻度的初始值。I 和 F 分别为 Y 轴刻度初始值和最终值的缩写。

（4）水平：设定 X 轴的刻度类型（频率范围）。

若点击对数按钮，标尺以对数刻度表示，点击线性按钮后，标尺以线性刻度表示。当测量信号频率范围较宽时，用对数标尺为宜。

测量相频特性时，Y 轴坐标表示相位，单位是度，刻度是线性的。

该区下面的 F 栏用于设置扫描频率的最终值，而 I 栏则用于设置扫描频率的初始值。为了清楚地显示某一频率范围的频率特性，可将 X 轴频率范围设定小一些。

（5）测量区：该区有两个定向箭头按钮和两个栏，其作用如下：

定向箭头"◆ ┃ ➡"：读数指针左右移动按钮，用于对波特图定位分析。

测量读数栏：利用鼠标拖动读数指针或点击读数指针按钮"◆ ┃ ➡"，可测量所处频率点的幅值或相位，其读数在面板下方显示。

例 4-7　测量如图 4-46 所示的高通电路的幅频特性和相频特性。

点击图 4-46 中波特图仪的图标，对面板上的各个图标和参数进行适当设置，运行仿真开关其幅频特性和相频特性分别如图 4 - 48(a)、(b)所示。

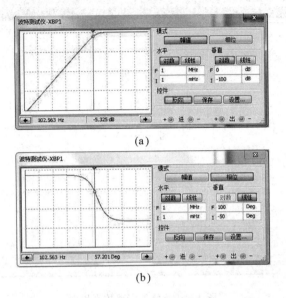

(a)

(b)

图 4 - 48　图 4 - 46 高通电路的幅频特性和相频特性

4.4　Multisim 12 在电路实验中的应用

　　本节通过 Multisim 12 在电路分析中的应用举例，可使广大读者对 Multisim 12 的具体
应用有一个初步的认识，同时，也可以使读者掌握如何利用 Multisim 12 设计、创建以及仿
真一个电路的详细操作过程。

一、叠加定理验证

　　叠加定理是线性电路中一个很重要的定理，可利用 Multisim12 来验证此定理。根据叠
加定理的内容及要求。可设计如图 4 - 49 所示的电路作为叠加定理验证之用。图中，U_1、
U_2 由直流电源供给，其中，$U_1 = 12$ V，$U_2 = 14$ V，单刀双掷开关 S_1、S_2 分别控制 U_1 和 U_2
两个电源是否作用于电路。当开关扳向短路一侧时，说明该电源不作用于电路。

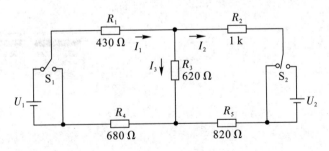

图 4 - 49　叠加定理验证电路

下面介绍如何利用 Multisim12 软件来验证叠加定理。

　　(1) 建立一个仿真文件，按图 4 - 49 所示电路从元器件库中选取各元件，放在 Multi-
sim 仿真主界面中，如图 4 - 50 所示。

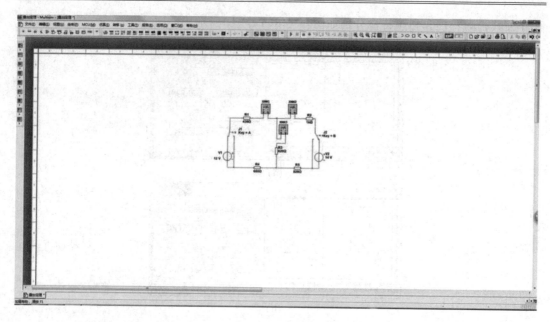

图 4-50　叠加定理仿真界面

图中的电流参数用万用表的电流挡来测量，单刀双掷开关 J_1、J_2 分别用 A 键、B 键来控制开关的位置。

（2）接通 $U_1 = 12$ V，使其单独作用。即按 A、B 键，使 J_1 开关打向 U_1 一侧，J_1 开关打向短路一侧。并打开各万用表的测量面板。用鼠标点击仿真开关"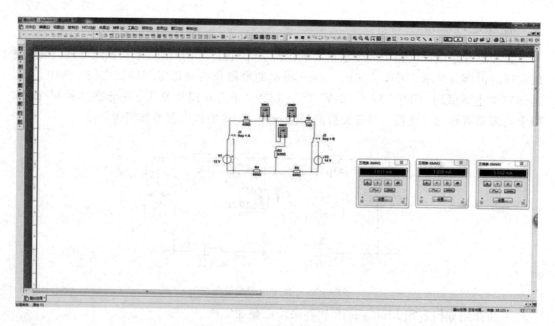"，当测量 U_1 单独作用时，各支路电流 I_1、I_2、I_3，测量结果将显示在万用表的面板上，如图 4-51所示。

图 4-51　U_1 单独作用仿真结果

（3）按动 A、B 键，切换开关的位置，分别使 U_2 单独作用以及 U_1、U_2 共同作用，仿真结果分别如图 4 - 52 和图 4 - 53 所示。

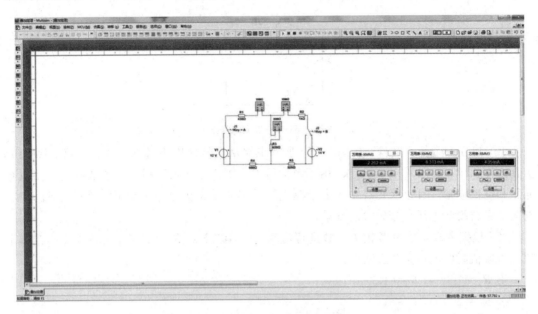

图 4 - 52　U_2 单独作用仿真结果

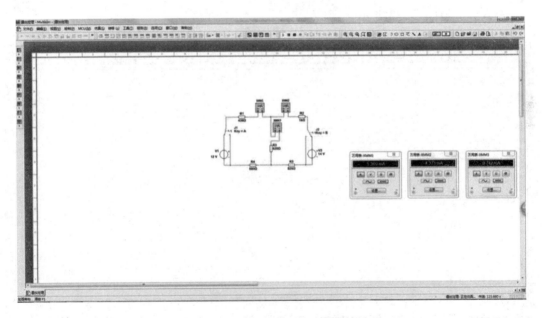

图 4 - 53　U_1 和 U_2 共同作用仿真结果

（4）分析仿真结果，我们可以看出，图 4 - 53 所测得电流 I_1、I_2、I_3 为图 4 - 51 和图 4 - 52 所测得电流 I_1、I_2、I_3 的代数和。这就验证了叠加定理。

二、RC 电路的方波响应

本节研究一阶电路的方波响应。以 RC 电路的方波响应为例来进行研究，电路如图 4 - 54

所示。$u_S(t)$ 为方波信号源，它产生周期为 T 的方波电压信号，改变 R 或 C 的数值，使 $RC=T/10$，$RC<T/2$，$RC=T/2$，$RC>T/2$，观察 $u_C(t)$ 和 $i_C(t)$ 的波形如何变化。

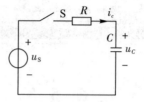

图 4-54　一阶 RC 电路

（1）建立一个仿真文件，按图 4-54 所示电路从元器件库中选取各元件放在 Multisim 仿真主界面中，如图 4-55 示。u_S 用函数信号发生器产生方波，用虚拟示波器来观察电容电压和电流波形，因为示波器输入要求是电压信号，需要在电路中串联一个小电阻 R_S 将电流信号转换为电压信号，以便测量。

（2）根据要求可以参考相关参数进行仿真，$f=100\ \text{Hz}$，$R_2=20\ \Omega$。观察 R_1、C_1 当取下列各组数值时的电压、电流波形：

① $R_1=100\ \Omega$，$C_1=4.7\ \mu\text{F}$。

② $R_1=200\ \Omega$，$C_1=4.7\ \mu\text{F}$。

③ $R_1=1\ \text{k}\Omega$，$C_1=4.7\ \mu\text{F}$。

④ $R_1=2\ \text{k}\Omega$，$C_1=4.7\ \mu\text{F}$。

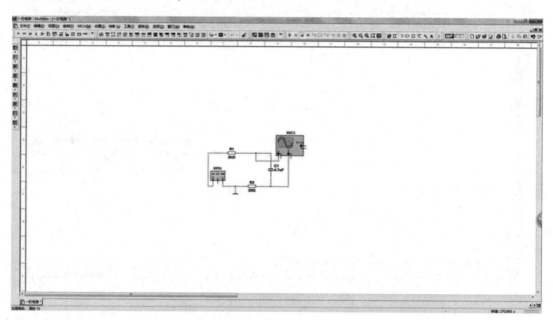

图 4-55　RC 电路的方波响应仿真界

仿真结果分别如图 4-56～图 4-59 所示。

（3）分析仿真结果，我们可以看出，在一阶 RC 电路中，当时间常数 $\tau=RC$ 很大时，电路将没有稳态，只有暂态。

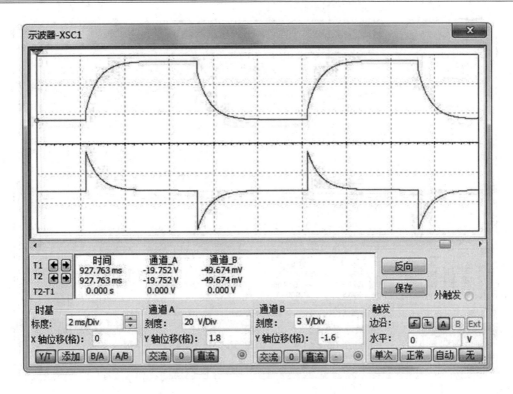

图 4 - 56　$R_1 = 100\ \Omega$，$C_1 = 4.7\ \mu F$

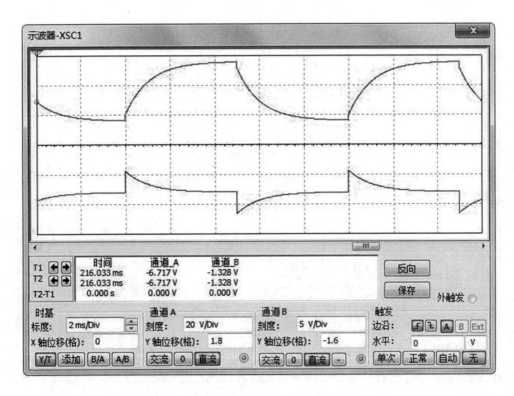

图 4 - 57　$R_1 = 200\ \Omega$，$C_1 = 4.7\ \mu F$

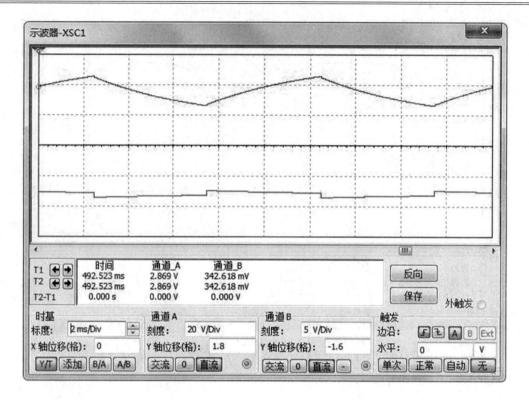

图 4-58　$R_1 = 1\ \text{k}\Omega$，$C_1 = 4.7\ \mu\text{F}$

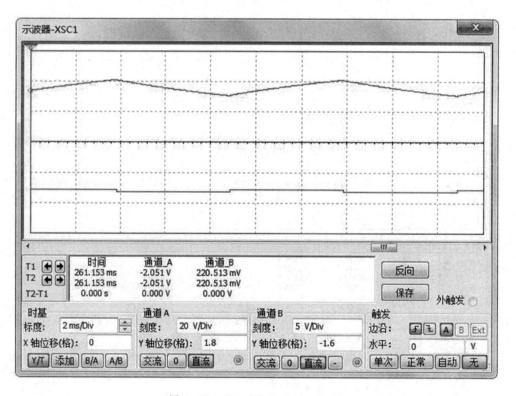

图 4-59　$R_1 = 2\ \text{k}\Omega$，$C_1 = 4.7\ \mu\text{F}$

三、RLC 电路的方波响应

本节研究 RCL 电路的方波响应。我们以二阶 RLC 电路的方波响应为例来进行研究，其电路如图 4-60 所示。$u_S(t)$ 为方波信号源，它产生周期为 T 的方波电压信号，改变 R、L 或 C 的数值，使电路处于欠阻尼、临界阻尼和过阻尼状态，观察 $u_c(t)$ 和 $i_c(t)$ 的方波响应波形及状态轨迹。

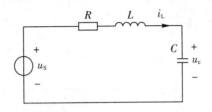

图 4-60　二阶 RLC 电路

（1）建立一个仿真文件，按图 4-60 所示电路从元器件库中选取各元件在 Multisim 12 主界面放置，如图 4-61 所示。u_S 用函数信号发生器产生方波，用虚拟示波器来观察电容电压和电感电流波形及状态轨迹波形（李萨如波形），因为示波器输入要求是电压信号，需要在电路中串联一个小电阻 R_2 将电流信号转换为电压信号，以便测量。

（2）根据要求可以参考相关参数进行仿真，$f = 100$ Hz，$C_1 = 0.1$ μF，$L_1 = 100$ mH，$R_2 = 20$ Ω。观察当 R_1 取下列各数值时的电压、电流波形以及它们的李萨如波形。

① $R_1 = 100$ kΩ。

② $R_1 = 1$ kΩ。

③ $R_1 = 2$ kΩ。

仿真结果分别如图 4-62～图 4-67 所示。

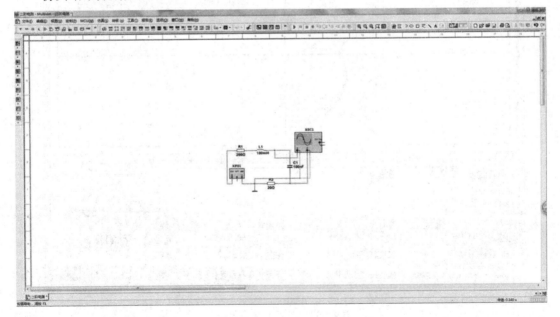

图 4-61　RLC 电路的方波响应仿真界面

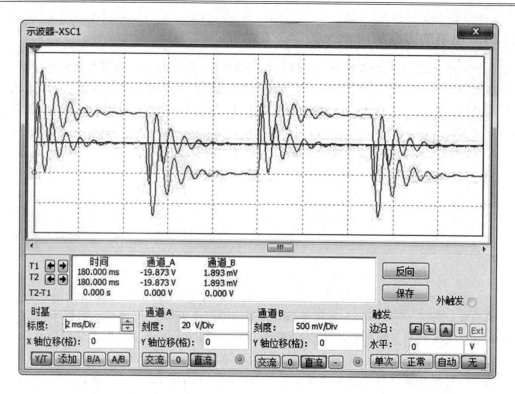

图 4-62 欠阻尼状态 RLC 方波响应

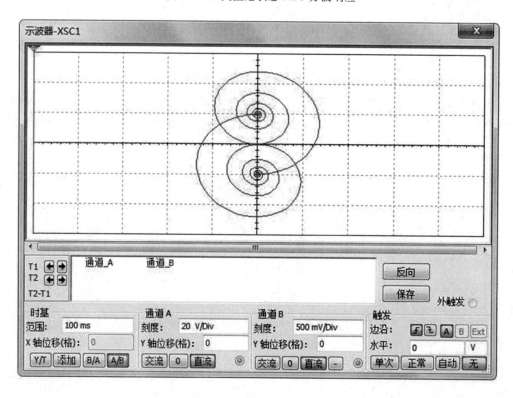

图 4-63 欠阻尼状态轨迹

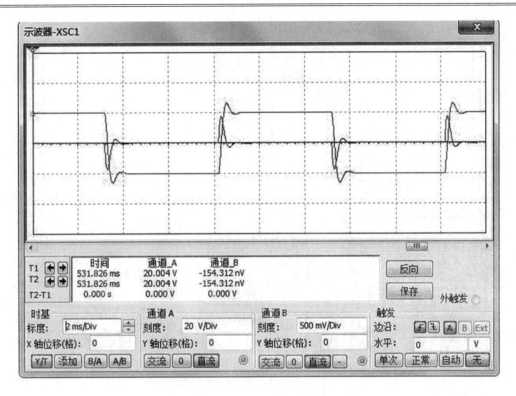

图 4 - 64　临界阻尼状态 *RLC* 方波响应

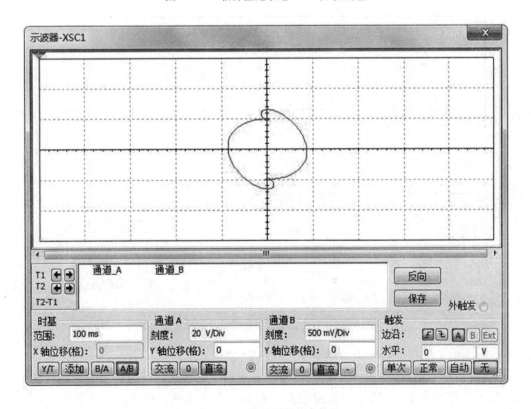

图 4 - 65　临界阻尼状态轨迹

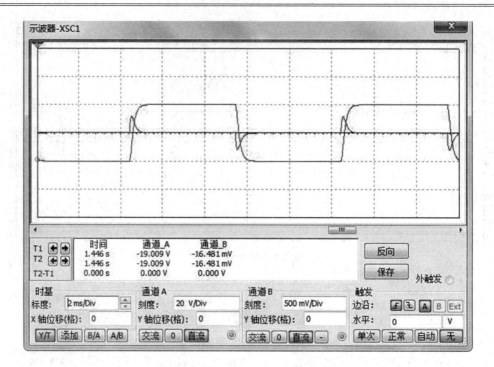

图 4-66　过阻尼状态 RLC 方波响应

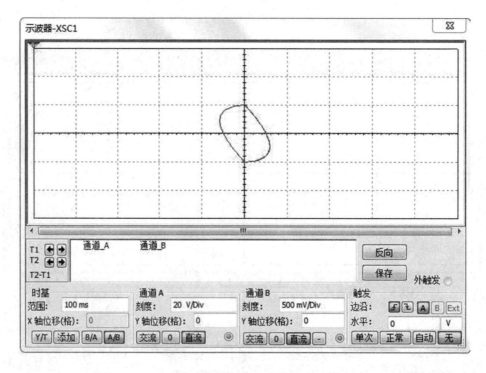

图 4-67　过阻尼状态轨迹

（3）分析仿真结果。从电压、电流波形以及状态轨迹波形，可以看出阻尼电阻的大小影响的 RLC 电路的工作状态，欠阻尼状态下电路工作于振荡，在过阻尼情况下，RLC 电路状态与一阶 RC 电路相似。

第 5 章 仿真实验

❖ 功率因数校正

❖ 串联谐振电路的研究

❖ 负阻抗变换器及应用

❖ 回转器及其应用

❖ 双 T 形选频网络的研究与设计

❖ 衰减及阻抗匹配网络的设计

实验一　功率因数校正

一、实验目的

（1）掌握日光灯电路的工作原理及电路连接方法。

（2）通过实验，加深理解提高功率因数的意义及方法。

（3）初步掌握实验设计的基本方法。

（4）学习自拟实验方案，用仿真软件合理设计电路和正确选择元器件、设备，提高分析问题和解决问题的能力。

二、实验原理

1. 提高功率因数的意义

当电路（系统）的功率因数 $\cos\varphi$ 较低时，会带来两个方面的问题：一是设备（如发电机）的容量得不到充分的利用；二是在负载有功功率不变的情况下，会使得线路上的电流增大，而使线路损耗增加，导致传输效率降低。因此，提高电路（系统）的功率因数有着十分重要的经济意义。

2. 提高功率因数的方法

提高功率因数通常是根据负载的性质在电路中接入适当的电抗元件，即接入电容器或电感器。由于实际的负载（如电动机、变压器等）大多为感性的，因此在工程应用中一般采用在负载端并联电容器或采用过激补偿电动机的方法，用容性电流补偿感性负载中的感性电流，从而提高功率因数。这种方法也称为无功补偿法。

3. 无功补偿时出现的情况

在进行无功补偿时，会出现欠补偿、全补偿和过补偿这 3 种情况。

（1）欠补偿是指接入电抗元件后，电路的功率因数提高，但 $\cos\varphi < 1$，并且电路等效阻抗的性质不变。

（2）全补偿是指将电路的功率因数提高后，使 $\cos\varphi = 1$。

（3）过补偿是指进行无功补偿后，电路等效阻抗的性质发生了改变，即感性电路变为容性电路，或反之。

从经济上考虑，在工程应用中一般采用的是欠补偿，即通常使 $\cos\varphi = 0.85 \sim 0.9$，而过补偿是不可取的。

4. 供电系统

在实际应用中，当供电部门把电能经输电线传送到用户时，图 5-1 所示为供电系统的等效电路。在工业频率下，当传输距离不长、电压不高时，线路阻抗 Z_1 可以看成是电阻 R_1

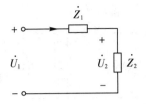

图 5-1 供电系统的等效电路

和感抗 X_1 相串联的结果。若输电线的始端(供电端)电压为 $\dot{U}_1$,终端(负载端)电压为 $\dot{U}_2$,负载阻抗和负载功率分别为 $Z_2(=R_2+jX_2)$ 和 P_2,负载端功率因数为 $\lambda(=\cos\varphi_2)$,则线路上的电流为

$$I = \frac{P_2}{U_2\cos\varphi_2}$$

则线路上的电压降 $\Delta\dot{U}=\dot{U}_1-\dot{U}_2$。

而输电效率为

$$\eta = \frac{P_2}{P_1} = \frac{P_2}{P_2+\Delta P} = \frac{P_2}{P_2+I^2R_1}$$

式中,P_1 为输电线始端测得的功率;ΔP 为线路上的损耗功率。

在实验时,可以用一个具有较小阻抗值的元件模拟输电线路阻抗 Z_1,用感性元件模拟负载阻抗 Z_2,研究在负载端并联电容器改变功率因数时,输电线路上电压降和功率损耗情况以及对输电线路效率的影响。

负载的功率因数可以用三表法测出 U、I、P 之后,再按公式 $\lambda=\cos\varphi=P/(UI)$ 计算得到,也可以直接用功率因数表测出。

三、实验设备

(1)独立交流电源。

(2)电阻、电感、电容。

(3)万用表、功率表。

四、实验内容

1. 设计要求

(1)实验要求以日光灯电路作为感性负载(Multisim 12 软件中没有日光灯模型,可用白炽灯加电感来模拟),要求电路的功率因数由 0.4 提高到 0.8 左右,计算相应的仿真元件参数,拟出实验步骤,设计具体实验线路和记录表格。

(2)写出实验方案、步骤,画出实验电路图,列出记录表格。

(3)合理选择仿真实验仪器设备及元器件。

2. 设计提示

图 5-2 所示为日光灯电路。日光灯实际是一感性负载,因此提高日光灯电路功率因数的方法是采用并联电容器的方法。

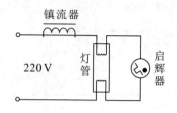

图 5-2 日光灯电路

通过用功率表直接测量日光灯电路的功率，可观察到在日光灯电路两端并联上不同数值的电容时，线路电流及负载端功率的变化情况。

在实际生活中，日光灯电路中的电流波形是非正弦波形。在进行实验时将此视为正弦电路，这是一种近似方法，因此实验结果会出现误差。

五、预习与思考

（1）了解提高功率因数的意义和提高功率因数的一般方法。

（2）阅读日光灯的工作原理。

（3）当 C 改变时，功率表的读数及日光灯支路的电流是否改变？为什么？

六、实验报告要求

（1）根据测量值完成自拟表格中的各项计算，并绘出 $\cos\varphi = f(C)$ 和 $I = f(C)$ 曲线。

（2）回答问题。

（3）写出实验分析与思考。

实验二　串联谐振电路的研究

一、实验目的

(1) 了解谐振现象，加深对谐振电路特性的认识。

(2) 研究电路参数对串联谐振电路特性的影响。

(3) 掌握测试通用谐振曲线的方法。

(4) 理解谐振电路的选频特性及应用。

二、实验原理

1. 串联谐振的条件

RLC 串联谐振电路如图 5-3 所示。其输入阻抗是电源的角频率 ω 的函数，即

$$Z = R + j\left(\omega L - \frac{1}{\omega C}\right) = |Z| \angle \varphi$$

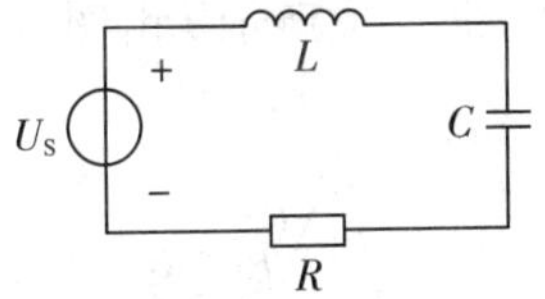

图 5-3　RLC 串联谐振电路

当 $\omega L - \dfrac{1}{\omega C} = 0$ 时，电路处于串联谐振状态，谐振角频率为 $\omega_0 = \dfrac{1}{\sqrt{LC}}$，谐振频率为 $f_0 = \dfrac{1}{2\pi\sqrt{LC}}$，显然谐振频率仅与元件 L、C 的数值有关，而与电阻 R 和激励电源的角频率 ω 无关。

当 $\omega < \omega_0$ 时，电路呈容性，电流相位超前于电压相位，阻抗角 $\varphi < 0$；当 $\omega > \omega_0$ 时，电路呈感性，电流相位滞后于电压相位，阻抗角 $\varphi > 0$。

2. 串联电路谐振时的特点

(1) 在谐振时，电路的阻抗最小。由于回路总电抗 $X_0 = \omega_0 L - \dfrac{1}{\omega_0 C} = 0$，因此回路阻抗 $|Z_0|$ 为最小值，整个回路相当于一个纯电阻电路，电路中的电流达到最大值，激励电源的电压与回路的响应电流同相位。该值的大小仅与电阻的阻值有关，与电感和电容的值无关。实验中在调节频率的同时，通过电流表监测回路电流，电流达到最大值时电路处于谐振状态。

(2) 在谐振时，电感与电容的电压有效值相等，相位相反。电抗的电压为零，电阻的电压等于激励电源的电压。谐振时感抗(或容抗)与电阻之比称为品质因数 Q，即

$$Q = \frac{\omega_0 L}{R} = \frac{1}{\omega_0 RC} = \frac{1}{R}\sqrt{\frac{L}{C}}$$

在 L 和 C 为定值的条件下，Q 值仅仅决定于回路电阻 R 的大小。若电路的品质因数 $Q \gg 1$。则电感和电容上两端的电压将远远大于总电压，即

$$U_L = U_C = QU \gg U_s$$

（3）在谐振时，电路的无功功率为零。在激励电压（有效值）不变的情况下，回路中的电流为

$$I = \frac{U_s}{R}$$

3. 串联谐振电路的频率特性

1）串联谐振电路电流幅频特性

串联电路的电流是电源频率的函数，即

$$I(\omega) = \frac{U}{|Z(\mathrm{j}\omega)|} = \frac{U}{\sqrt{R^2 + \left(\omega L - \dfrac{1}{\omega C}\right)^2}}$$

$$= \frac{U/R}{\sqrt{1 + Q^2 \left(\dfrac{\omega}{\omega_0} - \dfrac{\omega_0}{\omega}\right)^2}} = \frac{I_0}{\sqrt{1 + Q^2 \left(\dfrac{\omega}{\omega_0} - \dfrac{\omega_0}{\omega}\right)^2}}$$

上式称为电流的幅频特性。当电路的 L 和 C 保持不变时，改变 R 的大小，可以得到不同的 Q 值的电流幅频特性曲线，如图 5-4 所示。由图可知，显然 Q 值越高，曲线越尖锐。

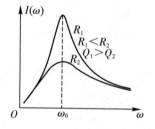

图 5-4 串联电路的幅频特性

2）串联谐振电路通用幅频特性

为了研究电路参数对谐振特性的影响，通常采用通用谐振曲线。对上式两边同时除以 I_0 来做归一化处理，得到通用幅频特性，即

$$\frac{I}{I_0} = \frac{1}{\sqrt{1 + Q^2 \left(\dfrac{\omega}{\omega_0} - \dfrac{\omega_0}{\omega}\right)^2}} = \frac{1}{\sqrt{1 + Q^2 \left(\eta - \dfrac{1}{\eta}\right)^2}}$$

与此对应的曲线称为通用特性曲线，其中，$\eta = \omega/\omega_0$，通用谐振曲线的形状只与 Q 值有关，如图 5-5 所示。

3）串联谐振电路的选频特性

串联谐振电路能够对不同频率的信号进行选择，定义当通用幅频特性曲线中幅值下降到峰值的 0.707 倍时的频率范围（如图 5-5 所示）为相对通频带（以 B 表示），即

$$B = \frac{\omega_2}{\omega_0} - \frac{\omega_1}{\omega_0}$$

显然可见，Q 值越高，相对通频带越窄，电路的选频特性越好。

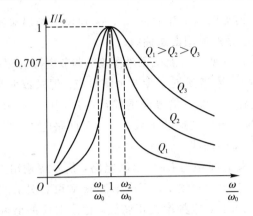

图 5-5　串联电路的通用幅频特性曲线

三、实验设备

（1）函数信号发生器（激励源）。

（2）电阻、电感、电容。

（3）电压表、电流表。

（4）双踪示波器。

四、实验内容

（1）定性观察 RLC 串联电路的谐振现象，确定串联谐振电路的谐振频率。在 Multisim 12 仿真环境下设计 RLC 串联电路如图 5-6 所示。电感元件 L 取 1 mH，电容取 1 μF，电阻 R 取 20 Ω。信号源输出电压幅度为 1 V 的正弦波。

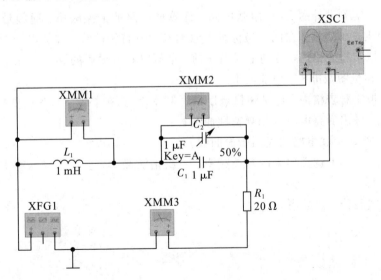

图 5-6　RLC 串联电路

调节信号源的频率，通过示波器、电流表监视电路，观察电路的谐振现象，寻找谐振点，确定电路的谐振频率。用示波器定性观察在调频过程，端口电压波形与端口电流波形的相位关系，体会当频率从小到大变化时，RLC 串联一端口网络从容性电路到感性电路的转变。分别记录谐振前、谐振时和谐振后的 u_L、u_C 和 u_R，画出对应这 3 种情况的相量图。

（2）测定 RLC 串联电路的通用谐振曲线。

① 实验线路仍如图 5－6 所示且测试条件不变。调节电源的频率，测量回路电流。测量点以谐振频率 f_0 为中心，左右各扩展至少 6 个测量点。记录数据并自拟表格。

② 改变电感 L 和电容 C 的值。信号源的输出电压同①。调节电源频率的同时用示波器观测回路电流波形与端口电压波形的关系，并测量回路电流。自拟表格，记录有关数据，用于绘制对应通用的幅频特性曲线。

（3）选频特性研究。实验线路为 RLC 串联电路，信号源输出方波，调节电容，使电路分别在方波的基波频率、三次谐波频率、五次谐波频率和七次谐波频率发生谐振，并通过示波器观察电容端电压，选出对应频率的正弦波，记录对应的谐振频率及在电容上选择出来的基波频率、三次谐波频率、五次谐波频率和七次谐波频率的正弦波波形。

五、预习与思考

（1）复习有关串联谐振电路的相关知识。

（2）可用哪些方法来判别电路处于谐振状态？

（3）提前设计实验所用电路和记录实验数据表格。

（4）在仿真环境下的元器件参数的选择要符合实际情况。

（5）谐振时电容器的端电压与电感器的端电压相等吗？为什么？

（6）试证明 RLC 串联电路的通频带与电路的品质因数成反比。

（7）说明 RLC 串联电路如何实现对方波的不同次谐波进行选频？

六、实验报告要求

（1）给出本实验设计的 RLC 串联电路，计算该电路的谐振频率、通频带、品质因数。将实验数据记入自拟表格。在同一坐标纸上绘出其伏安特性曲线，并加以分析比较。

（2）在自拟实验表格内，分别记录谐振前、谐振时和谐振后的 u_L、u_C 和 u_R，画出对应这 3 种情况的相量图及电压、电流波形。

（3）在自拟实验表格内，记录测量点以谐振频率 f_0 为中心，左右各扩展至少 6 个测量点的回路电流。画出回路电流的相频特性曲线。

（4）画出 RLC 串联电路的通用谐振曲线。

（5）画出在电容上选择出来的基波频率、三次谐波频率、五次谐波频率和七次谐波频率的正弦波波形。

（6）写出实验分析与思考。

实验三　负阻抗变换器及应用

一、实验目的

(1) 加深对运算放大器电路的理解。

(2) 学习和了解负阻抗变换器的特性。

(3) 应用负阻抗变换器实现二阶 RLC 电路的无阻尼等幅振荡。

二、实验原理

(1) 图 5-7 中虚线框所示电路是一个用运算放大器组成的电流倒置型负阻抗变换器 (INIC)。设运算放大器是理想的，由于它的非倒相输入端"+"和倒相输入端"－"之间为虚短路，输入阻抗为无限大，有

$$\dot{U}_{p} = \dot{U}_{n}$$

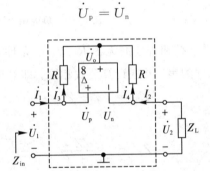

图 5-7　负阻抗变换器

即

$$\dot{U}_{1} = \dot{U}_{2}$$

运算放大器的输出端电压 $\dot{U}_{o} = \dot{U}_{1} - \dot{I}_{3}R = \dot{U}_{2} - \dot{I}_{4}R$，可得

$$\dot{I}_{3} = \dot{I}_{4}$$

又 $\dot{I}_{1} = \dot{I}_{3}$，$\dot{I}_{2} = \dot{I}_{4}$，故

$$\dot{I}_{1} = \dot{I}_{2}$$

由负载端电压和电流的参考方向，有

$$\dot{I}_{2} = -\frac{\dot{U}_{2}}{Z_{L}}$$

因此，整个电路的激励端的输入阻抗为

$$Z_{in} = \frac{\dot{U}_1}{\dot{I}_1} = \frac{\dot{U}_2}{\dot{I}_2} = -Z_L$$

由此可见，这个电路的输入阻抗为负载阻抗的负值。也就是说，当负载端接入任意一个无源阻抗元件时，在激励端就等效为一个负的阻抗元件，简称负阻元件（即负电阻）。

分析含负阻元件的电路，仍可引用电路的一些基本定理和运算规则。

（2）在图 5-7 中，若 Z_L 为一个纯线性电阻元件 R，则负阻抗变换器输入端就等效为一个纯负电阻元件，负电阻用"$-R$"来表示，如图 5-8(a)所示。其特性曲线在 $u-i$ 平面上为一条通过原点且处于二、四象限的直线，如图 5-8(b)所示。当输入电压 u_1 为正弦信号时，输入电流与端电压相位反相，如图 5-9 所示。

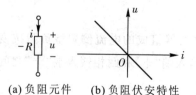

(a) 负阻元件　　(b) 负阻伏安特性

图 5-8　负电阻及其伏安特性

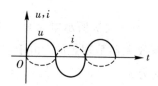

图 5-9　负电阻上正弦电压与电流波形

（3）负阻抗变换器元件"$-Z$"和普通的无源 R、L、C 元件 Z' 进行串、并联连接时，等值阻抗的计算方法与无源元件的串、并联计算公式相同，即对于串联连接，有

$$Z_{串} = -Z + Z'$$

对于并联连接，有

$$Z_{并} = \frac{-ZZ'}{-Z + Z'}$$

（4）应用负阻抗变换器可以构成一个具有负内阻的电压源，其电路如图 5-10 所示。负载端为等效负内阻电压源的输出端。由于运算放大器的"$+$"、"$-$"端之间为虚短路，即

$$\dot{U}_1 = \dot{U}_2$$

由图示 $\dot{I}_1$ 和 $\dot{I}_2$ 的参考方向及原理（1）中的说明，有

$$\dot{I}_2 = -\dot{I}_1$$

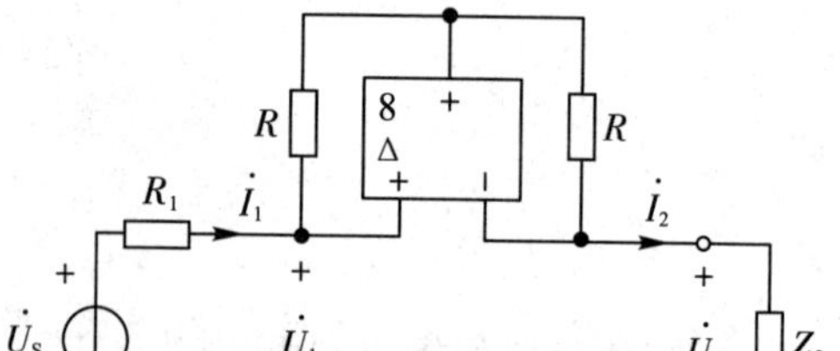

图 5-10　具有负内阻的电压源

故输出电压为

$$\dot{U}_2 = \dot{U}_1 = \dot{U}_S - \dot{I}_1 R_1 = \dot{U}_S + \dot{I}_2 R_1$$

显然，该电压源的内阻为 $-R_1$，它的输出端电压随输出电流的增加而增加。具有负内阻的电压源的等效电路和伏安特性曲线如图 5-11 所示。

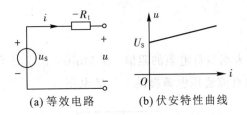

(a) 等效电路   (b) 伏安特性曲线

图 5-11   具有负内阻的电压源的等效电路及伏安特性曲线

（5）在研究 RLC 串联电路的方波响应时，由于实际电感元件本身存在直流电阻 r_L，因此，响应类型只能观察到过阻尼情况、临界阻尼和欠阻尼情况三种形式。图 5-12 是利用具有负内阻的方波电源作为激励，由于电源的负内阻可以和电感器的电阻相"抵消"（等效电路如图 5-13 所示），响应类型可以出现 RLC 串联回路总电阻为零的无阻尼等幅振荡情况（如图 5-14 所示）。如果电路的总电阻小于零，会出现负阻尼发散振荡，响应 $u_C(t)$、$i_L(t)$ 的幅度将指数增长到无穷大（如图 5-15 所示）。但是实际的运算放大器的输出电压不可能超过其直流供电电压，相应的 $u_C(t)$、$i_L(t)$ 将在某一有限范围内振荡。

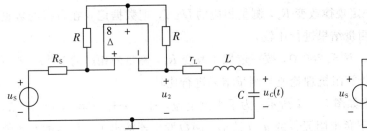

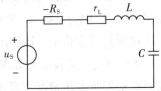

图 5-12   具有负内阻 RLC 方波响应电路   图 5-13   负内阻 RLC 方波响应等效电路

若电路的等效负电阻的绝对值较小，使振幅增长变慢，并在方波的上升或下降沿到来时，将电感电流的初始值置为零，这时，可以观察到稳定的增幅振荡波形（如图 5-15 所示）。

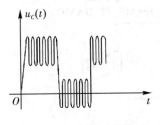

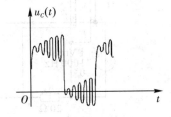

图 5-14   无阻尼等幅振荡   图 5-15   增幅振荡波

三、实验设备

（1）函数信号发生器、直流电源。

（2）运算放大器、电感、电容、电阻。

（3）电压表、电流表。

（4）双踪示波器。

四、实验内容

（1）用电压表、电流表测量负电阻的阻值。在 Multisim 12 仿真环境下设计负阻抗变换电路如图 5-16 所示。由直流稳压电源提供 1.5 V 电压。

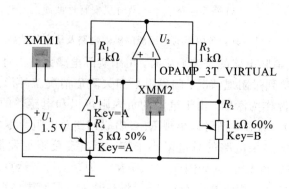

图 5-16　测量负内阻阻值的仿真电路

① 将开关 J_1 打开，按一定规律改变 R_2，测量相应的 U、I，把数据记录在自拟的数据表格中，计算阻抗理论值与测量结果进行比较。

② 将开关 J_1 闭合，将 R_2 调至 200 Ω，按一定规律改变 R_4，测量的相应的 U、I，把数据记录在自拟数据表格中，计算阻抗理论值与测量结果进行比较。

（2）观察波形。实验电路如图 5-17 所示。为了观测电流，加入采样电阻 r，$r=20$ Ω，用示波器观察正弦电压情况下负电阻元件的 u、i 波形，函数发生器输出正弦信号的有效值为 1 V，$f=1000$ Hz。

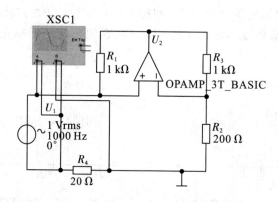

图 5-17　观察负电阻上正弦电压与电流波形的仿真电路

（3）用伏安（表）法测定具有负内阻电压源的伏安特性。实验电路如图 5-18 所示。电源由直流稳压稳流电源提供，调节稳压稳流电源的输出，使 $U_1=1.5$ V（且保持为 1.5 V），取 $R_3=300$ Ω，改变负载 R_4 阻值，测量负载的 u、i，记录数据并自拟表格。

（4）用示波器进一步研究 RLC 串联电路的方波响应和状态轨迹。实验电路如图 5-19 所示。使函数发生器输出方波，调节 R_4 分别使电路出现过阻尼、临界阻尼、欠阻尼、无阻尼和负阻尼这 5 种情况，画出各种响应时的 $u_C(t)$ 和 $i_L(t)$ 波形及状态轨迹。

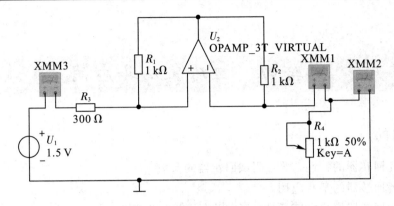

图 5-18 负内阻电源伏安特性仿真电路

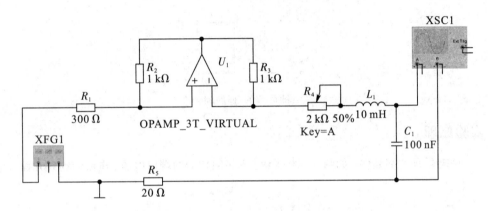

图 5-19 负内阻 RLC 方波响应仿真电路

五、预习与思考

（1）复习负阻抗变换器电路的相关理论知识。

（2）提前设计实验所用电路和记录实验数据表格。

（3）在仿真环境下的元器件参数选择要符合实际情况。

（4）思考本实验所用电路中的电源和负阻抗变换器是发出功率还是吸收功率？

六、实验报告要求

（1）画出本实验设计的负阻抗变换电路，自拟数据表格记录实验数据，绘出负阻抗变换器的伏安特性曲线。

（2）绘出正弦电压情况下，负电阻元件的 u、i 波形。

（3）绘出测定负内阻电源伏安特性的电路，自拟数据表格记录实验数据，绘出负内阻电源的伏安特性曲线。

（4）绘制过阻尼、临界阻尼、欠阻尼、无阻尼和负阻尼这 5 种情况下的 $u_C(t)$ 和 $i_L(t)$ 波形及状态轨迹。

（5）写出实验分析与思考。

实验四　回转器及其应用

一、实验目的

（1）研究回转器的特性，学习测试回转器的参数。

（2）了解回转器的某些应用。

（3）利用回转器模拟电感元件，研究并联谐振的性质。

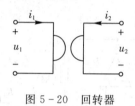

图 5 - 20　回转器

二、实验原理

（1）回转器是二端元件，如图 5 - 20 所示。理想回转器的端口电压、电流的约束方程分别为

$$i_1 = gu_2, \qquad u_1 = -\frac{1}{g}i_2$$

式中，回转系数 g 具有电导的量纲，称为回转电导，是回转器的特性参数。

理想回转器是一个无源元件。在实际回转器中，由于不完全对称，其电流、电压关系分别为

$$i_1 = g_1 u_2, \qquad i_2 = -g_2 u_1$$

回转电导 g_1 和 g_2 比较接近而不相等。它们可以通过测量实际回转器的端口电压和电流后计算得出。

（2）回转器可以由晶体管元件或运算放大器等有源器件构成。图 5 - 21 所示的电路是一种用两个负阻抗变换器来实现的回转器电路。根据负阻抗变换器的特性，A、B 端的输入电阻 R'_{in} 是 R_L 与 $-R$ 的并联值，即

$$R'_{in} = R_L \,//-R = \frac{-R_L R}{R_L - R}$$

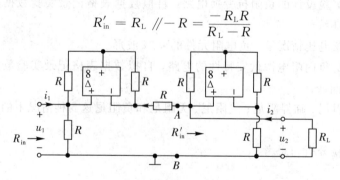

图 5 - 21　由负阻抗变换器实现的回转器电路

激励（u_1）端的输入电阻为

$$R_{in} = R \; /\!/ - (R + R'_{in}) = \frac{-R(R + R'_{in})}{R - (R + R'_{in})} = \frac{R^2}{R_L} = \frac{1}{g^2 R_L}$$

回转电导 $g = 1/R$。用运算放大器的元件特性直接列写和求解电路方程，也可得出相同的结果。

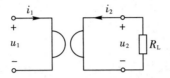

图 5 - 22　带负载回转

（3）在回转器的 u_2 端接入负载电阻 R_L 时（如图 5 - 22 所示），u_1 端的输入电阻为

$$R_{in} = \frac{u_1}{i_1} = \frac{-\dfrac{1}{g} i_2}{g u_2} = \frac{1}{g^2} \left(-\frac{i_2}{u_2} \right) = \frac{1}{g^2 R_L}$$

在正弦情况下，当负载是一个电容元件时，输入阻抗为

$$Z_{in} = \frac{1}{g^2 Z_L} = \frac{1}{g^2 \dfrac{1}{j\omega C}} = \frac{j\omega C}{g^2} = j\omega L$$

可见输入端等效为一个电感元件，等效电感 $L = C/g^2$。所以，回转器也是一个阻抗逆变器，它可以使容性负载和感性负载互为逆变。用电容元件来模拟电感器是回转器的重要应用之一，特别是模拟大电感量和低损耗的电感器。

（4）用模拟电感器可以组成一个 RLC 并联谐振电路，如图 5 - 23(a) 所示。图 5 - 23(b) 是它的等效电路。

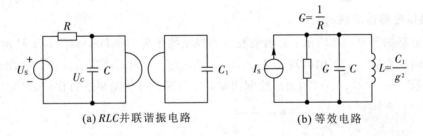

(a) RLC并联谐振电路　　　　　　(b) 等效电路

图 5 - 23　回转器模拟电感 RLC 并联谐振电路

并联电路的幅频特性为

$$U(\omega) = \frac{1}{\sqrt{G^2 + \left(\omega C - \dfrac{1}{\omega L} \right)^2}} = \frac{1}{G \sqrt{1 + Q^2 \left(\dfrac{\omega}{\omega_0} - \dfrac{\omega_0}{\omega} \right)^2}}$$

当电源角频率 $\omega = \omega_0 = 1/\sqrt{LC}$ 时，电路发生并联谐振，电路导纳为纯电导 G，支路端电压与激励电流同相位，品质因数为

$$Q = \frac{\omega_0 C}{G} = \frac{1}{\omega_0 L G}$$

在 L 和 C 为定值的情况下，Q 值仅由电导 G 的大小决定。若保持图 5 - 23(a) 中电压源 U_S 值不变，则谐振时激励电流最小；若用电流源激励（如图 5 - 23(b) 所示），则电源两端电压最高。

三、实验设备

（1）函数信号发生器、直流电源。

（2）运算放大器、电感、电容、电阻。

（3）电压表、电流表。

（4）双踪示波器。

四、实验内容

1. 测量回转器的回转电导

实验电路如图 5-24 所示。由函数发生器提供正弦信号给回转器的输入端 u_1，其输出端 u_2 接负载电阻 R_L，按一定规律改变 R_L，分别测出 u_1、u_2 及 i_1 的数值，记录数据。求出回转电导 g_1、g_2 和输入电阻 R_{in}，并与理论计算值进行比较。回转电导 g 取其平均值。

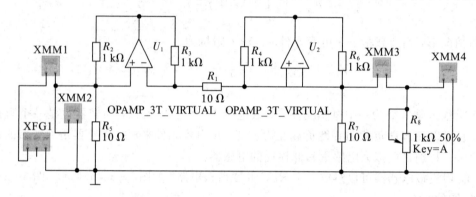

图 5-24　测量回转器的回转电导的仿真电路

2. 模拟电感器的测试

实验电路如图 5-25 所示。由函数发生器提供频率为 100 Hz，幅值为 1 V 的正弦信号给回转器的输入端 u_1，其输出端 u_2 接入 1 μF 的电容 C，用双通道示波器观察此刻 u_1 及 i_2 的相位关系，将 $u_1(t)$、$i_2(t)$ 的波形绘制出来，并与理论分析结果进行比较。

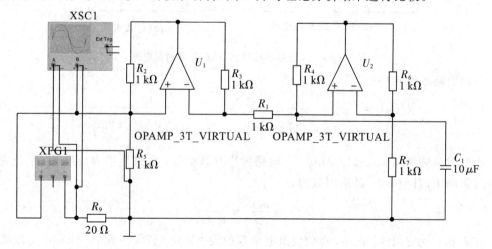

图 5-25　模拟电感器测试仿真电路

3. 用模拟电感器做并联谐振实验

实验电路如图 5 - 26 所示。给定正弦信号发生器输出电压(有效值)不变,从低到高改变电源频率(在谐振频率附近,频率变化量要小一些),用交流毫伏表测量 U_C 的数值。改变 R 的阻值(即改变回路的 Q 值),再测一次。

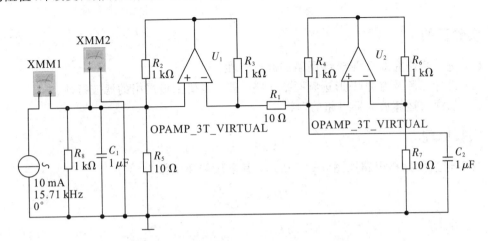

图 5 - 26 回转器模拟电感 RLC 并联谐振仿真电路

五、预习与思考

(1) 复习回转器的相关理论知识。

(2) 提前设计实验所用电路和记录实验数据表格。

(3) 在仿真环境下的元器件参数选择要符合实际情况。

(4) 在做 RLC 并联谐振实验时,应怎样用示波器判断电路是否处于谐振状态?

六、实验报告要求

(1) 给出本实验设计的回转器变换电路,自拟数据表格记录实验数据,根据数据计算回转器的回转电导。

(2) 给出实验中模拟电感的回转器电路,计算模拟电感值,给出 u、i 的波形。

(3) 给出采用模拟电感器的 RLC 并联谐振电路,记录相应的数据,分析并联谐振现象。

(4) 写出实验分析与思考。

实验五　双 T 形选频网络的研究与设计

一、实验目的

（1）进一步研究双 T 形选频网络的滤波特性。

（2）设计无源及有源 T 形选频网络电路，进一步研究该网络的滤波特性。

（3）加深对运算放大器电路的理解。

二、实验原理

双 T 形选频网络电路如图 5-27 所示。其电压传递函数为

$$H(s) = \frac{U_2(s)}{U_1(s)}$$

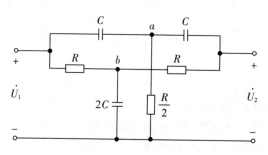

图 5-27　双 T 形选频网络电路

由节点电压分析法列出节点方程为

$$
\begin{cases}
\left(\dfrac{2}{R} + 2sC\right)U_a(s) - sCU_2(s) - sCU_1(s) = 0 \\[2mm]
\left(\dfrac{2}{R} + 2sC\right)U_b(s) - \dfrac{1}{R}U_1(s) - \dfrac{1}{R}U_2(s) = 0 \\[2mm]
-sCU_a(s) - \dfrac{1}{R}U_b(s) + \left(\dfrac{1}{R} + sC\right)U_2(s) = 0
\end{cases}
$$

可得

$$H(s) = \frac{U_2(s)}{U_1(s)} = \frac{s^2 + \left(\dfrac{1}{RC}\right)^2}{s^2 + 4\,\dfrac{1}{RC}s + \left(\dfrac{1}{RC}\right)^2}$$

将式中的 s 换为 $j\omega$，得

$$H(j\omega) = \frac{1 - \omega^2 R^2 C^2}{(1 - \omega^2 R^2 C^2) + j4\omega RC}$$

式中，若 $\omega = \omega_0 = 1/RC$，则 $H(j\omega) = 0$，称 ω_0 为双 T 形选频网络的谐振角频率。其幅频特性为

$$|H(j\omega)| = \frac{|1 - \omega^2 R^2 C^2|}{\sqrt{(1 - \omega^2 R^2 C^2)^2 + (4\omega RC)^2}}$$

其对应的幅频特性曲线如图 5 - 28 所示。由图可知，当 $\omega = \omega_0 = 1/RC$ 时，$|H(j\omega)| = 0$，并且 ω_0 两边的锐截止特性很好，因此，双 T 形选频网络对频率为 ω_0 的信号具有很好的滤波能力，可作为滤波器使用。

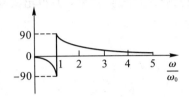

图 5 - 28   幅频特性曲线

图 5 - 29 为双 T 形选频网络电路的相频特性曲线。双 T 形选频网络具有良好的滤波特性，在仪表电源噪声滤波电路中获得了较为广泛的应用。

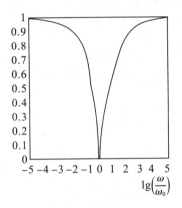

图 5 - 29   相频特性曲线

三、实验设备

(1) 函数信号发生器、直流电源。

(2) 电容、电阻。

(3) 电压表、电流表。

(4) 波特图仪。

四、实验内容

(1) 利用 Multisim 12 软件设计无源双 T 形选频网络，要求网络的中心频率 f_0 为 50 Hz。

(2) 利用 Multisim 12 软件设计有源双 T 形选频网络，要求网络的中心频率 f_0 为 50 Hz。

五、预习与思考

(1) 复习双 T 形选频网络的相关理论知识。

(2) 在仿真环境下的元器件参数选择要符合实际情况。

(3) 在设计双 T 形选频网络时，如何保证其选频精度？

六、实验报告要求

（1）给出实验中双 T 形选频网络电路，绘出其幅频特性曲线和相频特性曲线。

（2）比较理论截止频率与实验所得截止频率，并得出实验结论。

（3）写出实验分析与思考。

实验六　衰减及阻抗匹配网络的设计

一、实验目的

（1）了解衰减器和网络匹配的特点。

（2）学习常用衰减器和匹配网络的设计方法。

二、实验原理

1. 衰减器的主要用途

在信号源与负载之间插入衰减器，使信号通过它产生一定大小或可以调节的衰减，以满足负载或下一级网络在正常工作时对输入信号幅度的要求。常用的衰减网络结构有倒 L 形、T 形、Π 形和桥 T 形等几种。

2. 常用衰减器的衰减量

常用衰减器的衰减量有连续可调和按步级衰减两种。衰减器的衰减量，即衰减倍数可直接用输入、输出电压比表示，也可以用它的 dB 数表示。图 5 - 30 和图 5 - 31 所示为两种按分压器原理工作的衰减器。其中，图 5 - 30 所示是一个电位分压器，它的分压比连续可调；图 5 - 31 是一种按 $\sqrt{10}:1$ 规律衰减的步级衰减器，这两种衰减器都可等效成倒 L 形网络，输入特性阻抗和输出特性阻抗不等，并且随衰减量的不同而变化。此类衰减器常用在对匹配要求不高的场合，并且要求负载电阻越大越好。

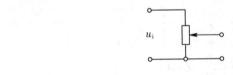

图 5 - 30　电位分压器

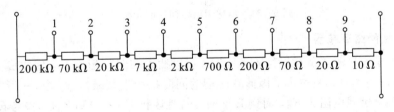

图 5 - 31　步级衰减器

3. 对称网络衰减器

当要求衰减器的插入不改变前后级匹配状况时，常采用如图 5 - 32 所示的 T 形或 Π 形对称网络衰减器。这类对称网络的特点是输入、输出特性阻抗一致且不随衰减等级而变化。

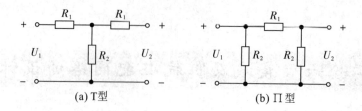

图 5 - 32　对称网络衰减器

若衰减器的电压衰减倍数 $N(U_1/U_2)$ 和特性阻抗 Z_C 给定，则元件参数确定如下：
对 Π 形衰减器有

$$R_1 = Z_C \frac{N^2 - 1}{2N}, \ R_2 = Z_C \frac{N + 1}{N - 1}$$

对 T 形衰减器有

$$R_1 = Z_C \frac{N - 1}{N + 1}, \ R_2 = Z_C \frac{2N}{N^2 - 1}$$

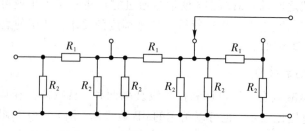

图 5 - 33　对称网络组成步级衰减器

用多个相同的衰减器级联可构成一个步级衰减器，如图 5 - 33 所示。由于其中两个 R_2 并联可用一个 $R_2/2$ 来等效，因此有如图 5 - 34 所示的用梯形电路构成的衰减器。由于是对称网络，级联后输入输出特性阻抗不变，而总衰减量为各级衰减量之积或 dB 数之和。

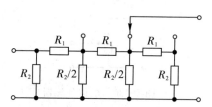

图 5 - 34　用梯形电路构成的衰减器

4. 倒 L 型网络衰减器

当前后级或信号源与负载网络不匹配时，可以插入一倒 L 形网络，使之成为匹配传输网络（倒 L 形网络本身是衰减器，因此在匹配的同时也产生衰减），如图 5 - 35 所示。设信号源内阻为 R_S，负载电阻为 R_L，而倒 L 型网络特性阻抗 $Z_r(Z_{C1})$ 和 $Z_{\Pi}(Z_{C2})$ 与 R_1、R_2 之间的关系如下

$$Z_r = \sqrt{R_1 R_2} \sqrt{1 + \frac{R_1}{4R_2}}$$

$$Z_{\Pi} = \frac{\sqrt{R_1 R_2}}{\sqrt{1 + \frac{R_1}{4R_2}}}$$

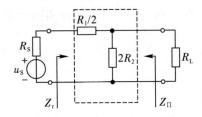

图 5-35 倒 L 形网络衰减器

由于 $Z_r > Z_\Pi$，故如果 $R_S > R_L$，应将 Z_r 一端与 R_S 相接，Z_Π 一端与 R_L 相接。因此，由 $Z_r = R_S$ 和 $Z_\Pi = R_L$，解得

$$\frac{R_1}{2} = \sqrt{R_S R_L}\sqrt{\frac{R_S}{R_L} - 1}, \quad 2R_2 = \frac{\sqrt{R_S R_L}}{\sqrt{\dfrac{R_S}{R_L} - 1}}$$

三、实验设备

(1) 函数信号发生器、直流电源。

(2) 精密电阻。

(3) 电压表、功率表。

四、实验内容

(1) 要求用如图 5-35 所示的倒 L 形网络设计一匹配器。其中，$R_S = 600\ \Omega$，$R_L = 150\ \Omega$，计算各元件值。

(2) 设计一衰减器，它由两级 Π 形对称网络级联而成，特性阻抗 $Z_C = 50\ \Omega$，如图 5-36 所示。一级衰减量为 5 dB；另一级衰减量为 10 dB，确定各元件值。

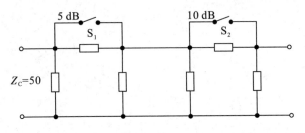

图 5-36 两级 Π 形对称网络衰减器

(3) 将按图 5-35 制作的匹配网络插入 $u_S = 5\ V(R_S = 600\ \Omega)$、$f = 150\ kHz$ 的信号源和 $R_L = 150\ \Omega$ 的负载之间，测量其衰减量以及信号源 u_S 发出和负载 R_L 吸收的功率。

(4) 将按图 5-36 制作的衰减器插入 $u_S = 10\ V(R_S = 50\ \Omega)$、$f = 150\ kHz$ 的信号源和负载电阻 R_L 之间，分别测试 $R_L = 50\ \Omega$ 和 $R_L = 150\ \Omega$ 时各级衰减量、输入阻抗。

五、预习与思考

(1) 复习衰减器及其阻抗匹配的相关理论知识。

(2) 在仿真环境下的元器件参数选择要符合实际情况。

（3）衰减器中的电阻必须保证精度，但是精密电阻的价格不菲，一般用碳膜电阻处理后来代替，应如何处理？

六、实验报告要求

（1）整理设计过程和测试结果。

（2）计算插入匹配网络后负载吸收的最大功率，并与实验值进行比较。再计算插入匹配网络后电路的效率。

（3）将测量的各级衰减量、输入阻抗与理论值进行比较，计算其误差。

（4）写出设计与测试报告。